LEARN ABOUT EDIBLE OIL

U0173861

了解食用油

周晴中　吴磊 / 编著

北京大学出版社
PEKING UNIVERSITY PRESS

图书在版编目（CIP）数据

了解食用油/周晴中，吴磊编著. —北京：北京大学出版社，2023.1
ISBN 978-7-301-33621-2

Ⅰ.①了… Ⅱ.①周…②吴… Ⅲ.①食用油–普及读物 Ⅳ.①TS225-49

中国版本图书馆CIP数据核字（2022）第222373号

书　　　　名	了解食用油
	LIAOJIE SHIYONGYOU
著作责任者	周晴中　吴　磊　编著
责 任 编 辑	曹京京　郑月娥
标 准 书 号	ISBN 978-7-301-33621-2
出 版 发 行	北京大学出版社
地　　　　址	北京市海淀区成府路205号　100871
网　　　　址	http：//www.pup.cn　新浪微博：@北京大学出版社
电 子 邮 箱	编辑部 lk2@pup.cn　总编室 zpup@pup.cn
电　　　　话	邮购部010-62752015　发行部010-62750672　编辑部010-62767347
印 刷 者	天津中印联印务有限公司
经 销 者	新华书店
	720毫米×1020毫米　16开本　14.5印张　210千字
	2023年1月第1版　2023年8月第2次印刷
定　　　　价	49.00元

目　录

第一章

食用油的概念及标准体系

　　食用油是我们生活中不可或缺的生活物资，食用油又称为"食油"，是指在制作食品过程中使用的动物油或植物油，是身体中脂肪的主要来源。一般把常温下是液体的食用油称作油，而把常温下是固体的食用油称作脂肪。食用油为脂溶性的，可溶于多数有机溶剂，但不溶于水。常见的食用油多为植物油，常温下一般为液态，包括棕榈油、大豆油、菜籽油、花生油、火麻油、玉米油、橄榄油、山茶油、芥花籽油、葵花籽油、芝麻油、亚麻籽油、粟米油、葡萄籽油、核桃油、牡丹籽油等；动物油常温下一般为固态，常见的有猪油、牛油、羊油等。

了解食用油

（一）食用油是重要的宏量营养素

食用油是三大宏量营养素——蛋白质、脂肪、碳水化合物之一，其营养价值主要是用于提高菜肴的热量，同等质量的油脂产生的热量是蛋白质或糖的 2 倍。食用油中还含有其他脂溶性营养物质，如脂溶性维生素、植物甾醇、角鲨烯和磷脂等，这些脂溶性营养物质要溶于食物油脂中，并随同油脂进入肠道内才能被摄入和吸收，因此食用油可以协助脂溶性维生素 A、维生素 D、维生素 E、维生素 K 等的吸收。不吃油或油脂消化吸收有障碍时，往往会产生脂溶性维生素不足或缺乏症。食用油可为身体提供饱和脂肪酸、单不饱和脂肪酸和多不饱和脂肪酸，摄入的比例应适当；食用油还是人体必需脂肪酸的重要来源。必需脂肪酸是指人体自身不能合成而必须从外界获取的脂肪酸，如 ω-3 和 ω-6 多不饱和脂肪酸。在体内有适当比例的 ω-3 和 ω-6 多不饱和脂肪酸，才能达到脂代谢平衡，预防心血管疾病等慢性疾病。

（二）食用油是烹调的必备品

食用油是健康的身体不可缺少的营养品，且因为食用油口感好，能促进人们的食欲，在烹调中有多种作用，已成为烹调的必备品。此外，油脂固有的香味也使其成为餐桌上最不可或缺的角色。由于油脂的沸点高，食用油可以加热到高于水或蒸汽 1 倍以上的温度，迅速驱散食材表面及内部的水分，并渗透到食材组织内部，使食材迅速散发出诱人的芳香气味，从而改善食物的风味与口感。用油加热能加快烹调速度，缩短食物的烹调时间，适当地掌握加热时间和油的温度，可使菜肴鲜嫩或酥松香脆，因此油炸食物常常受到人们的欢迎。食用油还可改善菜肴色泽，使菜肴呈现出各种不同的色泽，如在制作挂糊、上浆菜时，由于油的温度不同，可使炸制或煎制出的菜肴呈现出洁白、金黄、深红等不同颜色。另外，芝麻油等还具有特殊的香味，对改善菜肴的风味、提高菜点质量有很大的作用。

（三）我国食用油油料产量稳定、消费量迅速增长

我国油料产量从 2008 年起就开始超过 5800 万吨，2017 年我国以油菜籽、花生、大豆为代表的油料作物的总产量已高达 6020.9 万吨。我国的油料产量尽管屡创历史新高，但仍然不能满足我国人民生活水平不断提高的需要。我国每年都要进口较大数量的油料、油脂。据海关统计，2018 年我国进口各类油料合计达 9448.9 万吨。

2018 年扣除部分直接食用的大豆、花生、芝麻、葵花籽 4 种油料外，我国利用国产油料榨油的油料量为 3725 万吨，榨得的食用油（含玉米油、稻米油及其他油脂）产量为 1192.8 万吨。2017—2018 年，我国食用油市场的总供给量为 3714.5 万吨，其中包括国产油料和进口油料在国内合计生产的食用油产量 2962.6 万吨，以及直接进口的各类食用油合计 751.9 万吨。2017—2018 年，我国食用油的食用消费量为 3440.0 万吨，工业及其他消费量为 383.0 万吨，出口量为 26.6 万吨，合计年度需求总量（年度消费总量）为 3849.6 万吨。2017—2018 年我国食用油的自给率为 31.0%（即 2018 年国产油料出油量 1192.8 万吨与年度需求总量 3849.6 万吨之比）。按 2017 年联合国网络发布的中国人口数为 14.1 亿计算，2018 年我国人均食用油的消费量为 27.3 kg，超过了世界人均食用油消费量 24.4 kg 的水平。我国食用植物油油料进口量居世界第一，食用植物油进口量居世界第二。我国食用植物油加工呈规模集团化和产地小型特色化并存的特点。依托东北大豆产区、长江流域和西部油菜籽主产区等几个油料作物主产区，国内前 10 位压榨集团的油脂产能约占全国产能的 70%；在双低油菜、芝麻等油料产地，一些中小型企业采用低温压榨法产地加工，有效保留了油料的风味和营养成分，以满足人们对芝麻油等特色风味油脂的需求。

（四）关注油脂与健康的关系

习近平总书记在审议通过"健康中国 2030"规划纲要的讲话中强

调:"没有全民健康,就没有全面小康。"膳食平衡是实现营养健康的重要基础。我国是一个食用油消费大国,油脂与健康的关系一直备受关注,作为生活必需品的食用油摄入过量会增加心血管疾病、高血压和肥胖等疾病的风险,因此我们应当关注食用油的种类、质量、安全、比例及使用习惯。随着《国民营养计划(2017—2030年)》的实施,《中国居民膳食指南(2016)》《中国居民膳食营养素参考摄入量(2013版)》的贯彻,以及《食品安全国家标准 植物油》的颁布,各种食用油将会迎来新的发展时期,产品会更加多样化,使消费者有更多、更好的选择。居民对食用油的认知水平与居民健康生活水平密切相关,油脂摄入过多已成为严重的公共健康问题。当前的心血管疾病、肥胖和糖尿病等的发病率不断上升都与人们食用油的使用量和体内脂肪代谢平衡有关。《中国居民膳食指南(2016)》推荐成人日均食用油摄入量为 25 ~ 30 g。但 2020 年,我国人均每年食用油的消费量为 28.5 kg,超过了世界人均食用油消费水平。我国是全球第一大大豆油消费国和第一大棕榈油进口国。上海、北京、郑州三地居民油炸食品食用频率平均 1 ~ 3 次 / 周。从年龄分布来看,18 ~ 25 岁居民油炸食品食用频率最高。2014 年国务院办公厅印发的《中国食物与营养发展纲要(2014—2020年)》明确提出控制食用油消费量的发展目标,并将开展多种形式的营养教育、引导居民形成科学的膳食习惯及推进健康饮食文化建设作为主要任务,减油行动已作为我国全民健康生活方式的重要宣传内容。由于膳食中油脂水平与慢性非传染性疾病的发生关系密切,为更好地使用食用油,做到脂代谢平衡,降低心血管疾病、高血压和肥胖等疾病的风险,我们必须更好地普及食用油的健康知识,倡导消费者科学使用食用油,如高温煎炸油不宜长期使用、夏季不宜购置过多食用油储藏在家中等。

(五)我国油料及食用油标准体系日趋完善

食用油是人们生活必需的消费品,其质量安全关乎国计民生。针对食用油的质量安全风险隐患、制作工艺过程控制及监管需求,我国已经研究制定了比较系统的油料作物全程质量控制技术标准体系。从油料油脂生产和政府监管的角度，油料生产过程中要制定并遵守产地环境、生产技术、化肥农药等多方面的规范；收储过程中应及时干燥、防雨、防霉、防虫；加工过程中应严格控制原料质量，去除病虫粒、霉变粒等杂质，必要时采用油脂脱毒减毒技术；油脂安全储藏过程中应避免高温及外源污染，防止酸败；流通过程中执法部门应严格监督监管，采用先进检测技术严厉打击非法添加和掺假使伪。

随着我国《农产品质量安全法》《食品安全法》等法律法规制度的出台，油料油脂农业行业标准体系日趋完善，使我国油料及食用油的质量水平显著提高，安全隐患从源头得到控制。为了更好地了解油、用好油，我国已制定并实行了大豆油、花生油、葵花籽油、山茶油、玉米油、米糠油、棉籽油等食用油的国家标准，对不符合标准规定的食用油禁止销售。国家标准的制定可以让消费者从标签上就一目了然地了解到产品的品质。过去的食用油标签可以称得上五花八门，如色拉油、烹调油、一级油、调和油，有的前面还加上"纯正""高级""精品""浓香"等字样，消费者只能根据价格、品牌、香味、口感等选择产品。按新的国家标准规定，食用油将按质量由高到低分为一级、二级、三级、四级4个等级，分别相当于原来的色拉油、高级烹调油、一级油、二级油。标准实施后，食用油一律统一采用以单一的原料名称对产品命名的方式，禁止将与用途、工艺等有关的词语用在产品名称中。产品只能根据原料称为大豆油、花生油、玉米油，不能再加上"烹调""压榨"等类似的字眼来命名。"纯正大豆色拉油"这样的名称不会再用于标注产品，取而代之的是明确标示等级的"大豆油"。符合国家标准的都是质量合格产品，但油里的营养价值不一样，产品等级和油的质量高低没有直接关系。另外，国家标准还规定，产品标签中要对原料的加工工艺是压榨法还是浸出法进行明确标识，并对是否使用了转基因原料以及原料的产地进行明确标识。如果在外包装上没有标出上述标准，产品将被禁售。

众所周知，转基因食品对人体健康的影响尚未确定，选择转基因原料的食用油时要慎重，而对于压榨法、浸出法这样专业的油品制作工艺，消费者也应进行了解。压榨法和浸出法是食用油的两种基本制作工艺。压榨法是靠物理压力将油脂直接从油料中分离出来，全过程不涉及任何化学添加剂，会保证产品安全、卫生、无污染、天然营养不受破坏。而浸出法则采用溶剂油（6号抽提溶剂油）将油料经过充分浸泡后，进行高温提取，经过"六脱"（脱胶、脱水、脱色、脱臭、脱酸、脱蜡）工艺加工而成，最大的特点是出油率高、生产成本低，这也是浸出油的价格一般要低于压榨油的原因之一。很显然，从追求天然、健康的角度讲，压榨油更符合人们的需要。国内市场上绝大多数的花生油制作工艺采用的是压榨法，而多数大豆油制作工艺则选用的是浸出法。此外，为了维护消费者的健康，提高产品的安全和卫生标准，国家标准限定了食用油中的酸价、过氧化值、溶剂残留量、最低质量等级等指标，并对压榨成品油和浸出成品油的最低等级的各项指标进行了强制规定。

（六）食用油的标准

食用油的质量安全问题已经成为全社会共同关注的焦点，食品安全监督抽检工作必须要有标准可依。

1. 食品安全国际标准

国际食品法典委员会（CAC）制定的国际食品法典标准，是公认的食品安全国际标准，是世界贸易组织（WTO）解决国际食品贸易争端的依据之一。国际食品法典委员会的油脂法典委员会制定了《特定植物油标准》（CXS 210），对30种植物油提出质量、品质、安全和标签标识等方面的要求。但考虑到我国食品安全的整体状况和油脂加工生产与发展的实际情况，部分指标与国际标准存在一定差异。目前，国际食品法典标准中的油脂标准主要反映了西方的饮食习惯，尚无我国食用油关注的烟点和加热实验等指标。

2. 食用油国家标准

我国十分重视食用油的国家标准，目前已建立了以强制性国家标准

《食品安全国家标准 植物油》(GB 2716—2018)为底线,以推荐性国家标准《大豆油》(GB/T 1535—2017)、《花生油》(GB/T 1534—2017)等单品种植物油标准为商品流通要求,形成相互衔接配套的标准体系。我们在制定国内标准的同时,还应积极参与油脂国际标准的制定,在我国植物油产品标准的制定过程中,还要坚持有利于接轨国际标准的原则。

根据《中华人民共和国食品安全法》及其实施条例和《国务院办公厅关于印发食品安全整顿工作方案的通知》,2018年6月21日由国家卫生健康委员会与国家市场监督管理总局联合发布《食品安全国家标准 植物油》(GB 2716—2018),并已于2018年12月21日正式实施。该标准更加完善了术语和定义,删除了煎炸过程中植物油的羰基价指标,修改了酸价和溶剂残留指标,增加了对食用植物调和油命名和标识的要求等。标准执行后将结束原料配比不清、以次充好的行业乱象,促进建立透明、规范的消费环境和市场秩序,对我国植物油产业发展产生重要影响。食用油是日常抽检监测的重点品种,为客观评价食用油安全状况,检验过程风险点防控也尤为重要。该标准适用于植物原油、食用植物油和食用植物调和油,不适用于食用油脂制品。

《食品安全国家标准 植物油》(GB 2716—2018)对植物原油的术语和定义进行修改,增加了食用植物调和油的定义。植物原油是以食用植物油料为原料制取、用于加工食用植物油且不供直接食用的原料油。该标准明确了植物原油的用途为加工食用植物油的原料油而不供直接食用,避免用原料油冒充成品油。食用植物调和油是用两种及两种以上的食用植物油调配制成的食用油脂。该标准还增加了感官要求中对油状态的评价,感官要求改为具体检验方法描述。在食用植物油质量标准方面,主要植物油都有严格的质量标准,该标准对菜籽油、花生油、大豆油、棉籽油、葵花籽油、山茶油、芝麻油、玉米油、米糠油、亚麻籽油、棕榈油、棕榈仁油、核桃油、葡萄籽油、花椒籽油、橄榄油、红花籽油等的质量安全指标都有明确要求。

测定食用油过氧化值及酸价可判定食用油氧化变质的程度,两个指标都与样品的储藏方式有密切的关系。《食品安全国家标准 植物油》（GB 2716—2018）参照国际食品法典委员会制定的相关标准，根据不同品种植物油的特点，将植物原油中的酸价根据原料的不同进行了精细划分，对米糠油、棕榈油、棕榈仁油、玉米油、橄榄油、棉籽油、椰子油等不同植物原油的酸价分别单独进行了规定；对于溶剂残留指标，将浸出工艺生产的食用植物油（包括调和油）中溶剂残留量限量由 50 mg/kg 下调为 ≤ 20 mg/kg，并增加压榨油溶剂残留量不得检出的要求，不再对植物原油要求溶剂残留指标；将溶剂残留量中浸出油溶剂残留量修改为溶剂残留量，将植物原油中溶剂残留量的限量由 100 mg/kg 改为不作要求；更新了相应的检测方法标准，即按照《食品安全国家标准 食品中溶剂残留量的测定》（GB 5009.262—2016）执行。

　　《食品安全国家标准 植物油》（GB 2716—2018）删除了煎炸过程中的食用植物油羰基价的指标要求。该标准规定煎炸过程中棉籽油的游离棉酚的限量为 200 mg/kg，将食用植物油中游离棉酚的限量由 0.02% 修改为 200 mg/kg，检测方法标准为《食品安全国家标准 植物性食品中游离棉酚的测定》（GB 5009.148—2014）。该标准对极性组分测定方法标准进行了更新。命名、标签标识等要求标准为强制要求。单一品种的食用植物油不应掺有其他油脂；食用植物调和油产品应以"食用植物调和油"命名，不得突出某种特殊油品名称，如花生调和油、橄榄调和油等；食用植物调和油的标签标识应注明各种食用植物油的比例。在符合《食品安全国家标准 预包装食品标签通则》（GB 7718—2011）及相关规定要求的前提下，生产者可在配料表中或配料表的临近部位使用不小于配料标识的字号标注各种食用植物油的比例。其中，对于配料比例 ≤ 5% 的食用植物油，允许相对误差为 ±10%；对于配料比例 > 5% 的食用植物油，允许相对误差为 ±5%。

　　生产者可自愿执行的有：食用植物调和油的标签标识可以注明产品中大于 2% 的脂肪酸组分的名称和含量（占总脂肪酸的质量分数），对格式和要求都有明确规定。标准附录 A 为资料性附录，生产者可自愿标示。由于脂肪酸名称不在现行《食品安全国家标准 预包装食品营养标签通则》（GB 28050—2011）的可选择标示内容中，食用植物调和油中大于 2% 的脂肪酸的标示应独立于营养成分表之外。

标准使用中要注意《食品安全国家标准 植物油》（GB 2716—2018）是强制性标准，如果生产中执行的是某单一品种食用油的推荐性标准，要注意《食品安全国家标准 植物油》（GB 2716—2018）和相关推荐性标准指标的不同要求，应首先满足强制性标准要求。如酸价要求，《食品安全国家标准 植物油》（GB 2716—2018）中对酸价的要求更为严格，要求≤ 3 mg/g；如溶剂残留量要求，《花生油》（GB/T 1534—2017）中浸出成品花生油要求一级不得检出，二级、三级≤ 50 mg/kg，《食品安全国家标准 植物油》（GB 2716—2018）中对浸出植物油要求为 20 mg/kg，更为严格；如过氧化值要求，《花生油》（GB/T 1534—2017）中花生原油的一级花生油过氧化值≤ 6.0 mmol/kg，《棕榈油》（GB/T 15680—2009）对棕榈原油不作要求，而《食品安全国家标准 植物油》（GB 2716—2018）标准规定植物原油的过氧化值≤ 0.25 g/100 g。在执行推荐性标准时还要注意换算单位，注意食用油检测过程中的样品均匀性问题，某些油品在冬季或气温稍低的区域，如花生油可能会因为冻结而出现包装间不均匀或包装内不均匀的现象，这可能会影响抽样和检验样品的均匀性问题，因此要特别注意。对苯并[a]芘检测指出，实验中已发现正己烷试剂中可能含有对苯并[a]芘的干扰成分，应注意空白检测和试剂的监控选择。采用《食品安全国家标准 食品中 9 种抗氧化剂的测定》（GB 5009.32—2016）测定抗氧化剂时，发现三、四级菜籽油等样品中存在对抗氧化剂叔丁基对苯二酚（TBHQ）的干扰情况，可能是因为三、四级菜籽油的精炼程度较低，共存杂质产生干扰。检测时需改变流动相梯度比例，可有效将干扰峰和目标峰进行分离，排除干扰影响；也可采用其他标准方法或文献方法进行验证，或采取色谱-质谱联用法进行进一步确认。

污染物限量直接引用《食品安全国家标准 食品中污染物限量》（GB 2762—2017），真菌毒素限量直接引用《食品安全国家标准 食品中真菌毒素限量》（GB 2761—2017），均更新了检测方法标准。对于黄曲霉毒素 B_1 等真菌毒素污染不均匀的问题，《食品安全国家标准 食品中黄曲霉毒素 B 族和 G 族的测定》（GB 5009.22—2016）在样品制备中充分考虑了样品的均匀性要求，指出液体样品（植物油、酱油、醋）等采样量需大于 1 L，对于袋装、瓶装等包装样品需至少采集 3 个包装（同一批次或批号），将所有液体样品用匀浆机混匀后，取其中任意的 100 g（mL）样品进行检测。因此，检验中要特别注意对外包装样品充分混匀后再开展检测，也要充分考虑好复检备份样品涉及该项目的备份数量。

近几年来，食用油风险根据各地监管部门发布的抽检情况综合分析来看，食用油总体不合格率基本在 2%～3%。食用油常见不合格指标有：酸价、过氧化值、黄曲霉毒素 B_1、苯并 [a] 芘、溶剂残留，偶也见到铅、抗氧化剂等不合格。食用油还要注意增塑剂污染风险。国家市场监督管理总局于 2019 年 11 月发布关于食品中增塑剂污染风险防控的指导意见，强调食品生产经营者应当加强油脂类、酒类食品生产经营过程防控，使用塑料材质的设备设施、管道、垫片、容器、工具等，都不得含有增塑剂，避免食品接触污染。另外，食用油中还要关注精炼过程中产生的氯丙醇酯、缩水甘油酯等的风险。

在食品添加剂使用方面，我国针对合成抗氧化剂二丁基羟基甲苯（BHT）、丁基羟基茴香醚（BHA）、TBHQ 等的使用和限量做出明确规定。针对重金属、农药残留等污染物制定了最大限量标准及相应检测技术方法标准，为食用油质量安全的判定提供有力的技术支持。在油料质量安全标准体系方面，我国已经研究制定了系统配套的双低油菜、花生、大豆全程质量控制标准体系。以双低油菜为例，通过对双低油菜种子繁育、防除微量花粉、除劣去杂、产地环境条件选择、平衡配方施肥、增施硼钾肥、隔离连片种植及菌核病防治等关键质量控制技术的系统研究，建立了双低油菜生产过程质量控制保优栽培技术；并依据长江流域上、中、下游不同油菜主产区土壤、气候、品种、耕作制度的差异和双低油菜优势区域布局，制定出双低油菜产前、产中、产后全程质量控制系统配套的农业行业标准，实现了双低油菜质量控制保优栽培技术成果的标准化，规范了双低油菜籽分等分级，以及硫苷、芥酸、含油量、氨基酸的测定等技术内容，构建了双低油菜产前种子源头质量控制技术，产中产地环境与菌核病防治、保优栽培生产技术，以及产后双低油菜产品质量控制技术和配套的检测方法等全程质量控制技术标准体系。

3. 我国是最早颁布食用调和油产品标准的国家

调和油是由两种或两种以上成品油，通常都是根据营养成分按一定比例科学调配制成的食用油。相比玉米油、大豆油、花生油等单一植物油，调和油含有更丰富多样的微量营养成分，脂肪酸平衡性具有优势。早在 1998 年，我国就颁布了第一个食用调和油行业标准《食用调和油》（SB/T 10292—1998），该标准将食用调和油定义为"根据食用油的化学组分，以大宗高级食用油为基质油，加入另一种或一种以上具有功能特性的食用油、经科学调配具有增进营养功效的食用油"，其中具有功能特性的食用油是指高油酸型油脂、高亚油酸型油脂、含 α - 亚麻酸或 γ - 亚麻酸型油脂、含花生四烯酸型油脂、富含维生素 E 和谷维素型油脂。该标准将食用调和油分成调和油、调和高级烹调油及调和色拉油 3 个等级，规定了相应的质量指标。

2013 年 12 月，国家卫生健康委员会办公厅发布了《食品安全国家标准 食用植物油》征求意见稿。征求意见稿将食用植物调和油定义为"用两种及两种以上的食用植物油调配制成的食用油脂"，并规定食用植物调和油产品应以"食用植物调和油"命名，食用植物调和油的标签标识应当注明各种食用植物油的比例；食用植物调和油中含有动物或其他来源油脂的，也参照此命名要求执行。根据征求意见稿，不允许目前市场上普遍存在的以高价油品命名的调和油，如花生调和油和橄榄调和油。同时，调和油须强制标注食用植物油的种类和比例，这与欧美国家的通用标识方法相一致。在征求相关单位意见并向社会公开征求意见的基础上，起草组将标准名称改为《植物油》，并增加了"可标注脂肪酸组成"的内容，形成了《食品安全国家标准 植物油》报批稿。2016 年 10 月，该报批稿在食品安全国家标准审评委员会食品产品分委员会会议上获得通过。《食品安全国家标准 植物油》（GB 2716—2018）作为强制性的食品安全标准，是食用油领域的一项重要基础性标准，食用植物调和油标示原料油种配方和比例是满足消费者知情权和规范市场的重要手段，也将为新一代食用调和油的开发指明方向。随着近年来消费者对营养和风味需求的多样化，调和油越来越受到青睐，年销量达数百万吨。

第二章

食用油的成分

根据来源，食用油可分为动物油、植物油和微生物油。动物油和植物油较常见，微生物油是由微生物产生的，目前没有直接用作烹调油，但在保健食品和其他部分食品中已用作原料，如在婴儿奶粉中加入的花生四烯酸（AA）和二十二碳六烯酸（DHA），均来源于海藻的藻油。

（一）食用油的主要成分是甘油三酯

天然存在的植物油和动物油一般都是由甘油与一种或一种以上脂肪酸生成的甘油三酯（又称三酰基甘油、中性脂肪），由碳、氢、氧（C、H、O）三种元素组成。甘油三酯是生物体在代谢过程中，在酶的催化下由1个甘油分子和3个脂肪酸完全酯化失去3个水分子后形成的一大类天然酯类化合物。3个脂肪酸相同为简单甘油三酯，3个脂肪酸不同为混合甘油三酯。由于甘油三酯中的脂肪酸不同，形成的油脂在性能上也有很大差别。含不饱和脂肪酸多的甘油三酯常温下呈液态，称为油；含饱和脂肪酸多的甘油三酯常温下呈固态，称为脂（肪）。在自然界中各种脂肪酸主要是以甘油三酯的形式存在，而自然界中的甘油酯除了甘油3个羟基都被酯化的甘油三酯，还有2个脂肪酸分子和1个甘油分子组成的甘油二酯（二酰基甘油）、1个脂肪酸分子和1个甘油分子组成的甘油一酯（单酰基甘油）。甘油二酯和甘油一酯在自然界都存在不多，是生物体内合成甘油三酯的中间物。甘油二酯有降低血脂的功能，甘油一酯在食品工业中可用作乳化剂。

甘油三酯在人体生命中起着重要的作用，是身体的主要能量来源，也是体内多种生物活性物质的来源。此外，食用油中还含有多种脂溶性有益营养成分，如维生素E、植物多酚、植物甾醇、角鲨烯和磷脂等。食用油中的有害成分种类也比较多，主要包括含有2个以上苯环的碳氢化合物，如萘、蒽、菲、芘等150多种多环芳烃和具有致癌作用的含4～6个苯环的并环化合物。不同的食用油还含有独特的风味物质，如芝麻油、花生油等。选择食用油时要关注食用油的营养与安全，在提炼过程中选择恰当的工艺尽量将有害成分除去，而将有益营养成分有效保留。

1. 甘油三酯的消化吸收

由天然油脂水解得到的脂肪酸常是多种脂肪酸的混合物。由长链脂肪酸和甘油形成的甘油三酯是人体内含量最多的脂类。脂类的吸收有两种：短链、中链脂肪酸构成的甘油三酯乳化后即可吸收，经由门静脉入血；长链脂肪酸构成的甘油三酯与载脂蛋白、胆固醇等结合成乳糜微粒，最后经由淋巴进入血液。如长链甘油三酯，在胃内形成乳剂，而后被脂肪酶水解，形成胆汁酸-脂肪酸-单甘油酯复合微粒，通过微绒毛，在肠黏膜内再合成甘油三酯，经淋巴管运走。脂肪的消化主要在小肠，胃虽也含有少量的脂肪酶，但胃是酸性环境，不利于脂肪乳化（使脂肪变成乳状），而只能起到乳化作用，所以一般认为脂肪在胃里不易消化。脂肪消化产物甘油和脂肪酸，被小肠绒毛上皮细胞吸收后，一部分先进入毛细淋巴管，最终再进入血液，另一部分则进入毛细血管。植物油含熔点高的饱和脂肪酸很少，而含熔点低的不饱和脂肪酸多，因此，植物油的吸收率比动物油高。一般情况下，大部分油脂都可完全被吸收与利用，但是当吃大量含脂肪或过于油腻的食物时，油脂来不及消化，吸收也会减慢，并有部分从粪便中排出。

2. 甘油三酯的化学通式

3 个脂肪酸相同，全为硬脂酸的是简单甘油三酯；3 个脂肪酸不同（如1 个油酸，1 个硬脂酸，1 个亚麻酸）的是混合甘油三酯。化学通式如下：

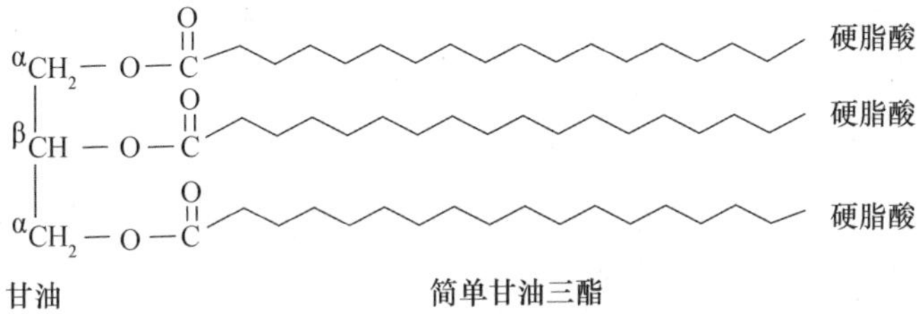

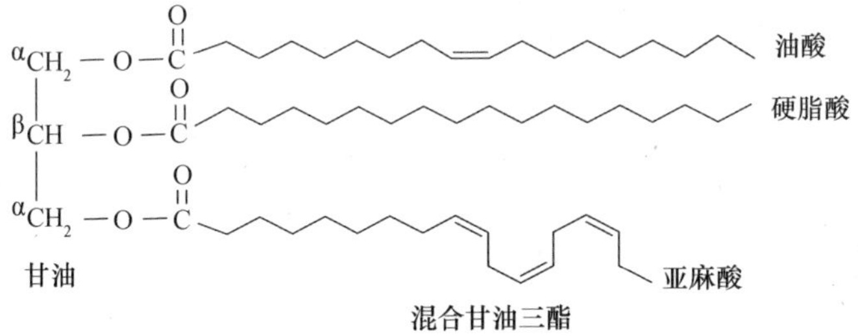

3. 甘油取代物的构型和sn系统命名

甘油三酯为一种甘油取代物，结构通式可以表示如下：

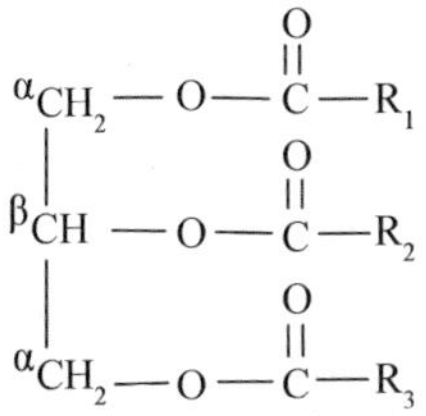

式中甘油骨架两端的碳原子为 α 位，中间的为 β 位。当甘油两端连接的取代基不同时，β 碳则为手性中心。为更简单明确地命名甘油取代物，1967年国际纯粹与应用化学联合会 - 国际生物化学联合会（IUPAC-IUB）推荐采用立体专一编号，即 sn 系统命名。

甘油的 sn 系统命名有以下规定：（1）甘油结构用如下 Fischer 投影式表示，C_2（β 碳）的—OH 写在左边（即把甘油的潜手性 β 碳看成是 L 构型）；（2）3 个碳原子按从上到下顺序编号 1，2，3（立体专一编号），用 sn（立体专一性计数）写在甘油前面，如 L- 甘油 -3- 磷酸称为 sn- 甘油 -3- 磷酸。

sn-甘油-3-磷酸　　　　　1-油酰-2-棕榈酰-sn-甘油

式中甘油骨架两端的碳原子为 sn-1 位和 sn-3 位，中间的为 sn-2 位。当甘油两端的 sn-1 位和 sn-3 位连接的脂肪酸取代基不同时，分子有不对称性（手性），sn-2 位碳则为手性中心。

（二）甘油三酯的功与过

从功能上讲体内油脂大体可以分为两类：一类为能量油脂，身体需要能量时，可以水解成甘油和脂肪酸。油脂也是体内最适宜贮存能量的物质。当摄入的能量物质过剩时，肝脏、脂肪等组织可以利用糖等其他物质进行甘油三酯的合成，在脂肪组织中贮存；体内脂肪也是器官和神经组织的防护性隔离层，在脏器表面的脂肪可保护脏器免受剧烈震动和摩擦，脂肪在皮下适量贮存，有保持体温和保护垫的作用，还可以滋润皮肤和增加皮肤弹性，推迟皮肤衰老。另一类油脂为功能结构性油脂，如含有的脂肪酸可用于构成细胞膜的基质，存在于全身各组织的细胞膜中，这类油脂在体内的存在是显微镜都分辨不出来的。多不饱和脂肪酸在体内还有多种具有重要生理功能的代谢产物。因此，有一些食用油被称为功能性食用油，油中含有能够对人体健康起调节作用的营养成分，如含有人体必需脂肪酸亚油酸和 α - 亚麻酸等；油中还会含有人体必需的维生素，如维生素 A、维生素 B、维生素 D、维生素 E 等，含有人体必需的矿物质和微量元素，如钾、钠、钙、镁、磷、硫、氯等，还含有具有抗癌、美容、润发、增强人体免疫力作用的物质，如角鲨烯、茶油苷、异黄酮等。另外，油脂中的脂肪酸是体内合成磷脂和固醇的原料，是脂溶性维生素的携带者，并帮助脂溶性维生素进入体内。膳食中含有一定量的油脂可以刺激胆汁分泌，协助脂溶性维生素的吸收和利用。

1. 甘油三酯是人体必不可少的能量物质

膳食中的油脂是人体能量的重要来源之一，也是人体重要的体成分和能量的储存形式。为了维持生命、进行新陈代谢，人们每天都需要供给能量的营养物质，特别是油脂。脂肪总量的 76% 以上是来自每天吃的油脂。人体所消耗能量的 40% ～ 50% 来自体内的脂肪，其中包括从食物中摄取的碳水化合物在体内所转化成的脂肪。在正常情况下，大部分组织均可以利用甘油三酯降解代谢供给能量。当人体需要能量时，油脂先在脂肪酶的催化下水解成 1 个甘油和 3 个脂肪酸，水解得到的脂肪酸在体内主要用作燃料分子，进一步分解产生能量，通过对代谢提供能量参与体内的一些生理过程。脂肪酸的分解代谢称为脂肪酸 β - 氧化，使一个长链脂肪酸通过连续周期的反应，每一步都缩短 2 个碳原子，直至碳原子全部脱去。经 β - 氧化后生成的二碳单位再经三羧酸循环，脂肪酸被彻底氧化生成二氧化碳和水，最终以 ATP 形式为机体提供能量。长链脂肪酸 β - 氧化产生 ATP 是身体获取能量的主要途径。一分子 16 个碳的软脂酸（又称棕榈酸）完全氧化可产生 106 个 ATP，106 个 ATP 水解释放的标准自由能为 3237 kJ（773.8 kcal）。

2. 体内甘油三酯不可过多

脂肪是身体必不可少的一种营养元素，是身体动能的来源，没有脂肪人体是没法存活的，但脂肪也是一种不可过多存有的物质，一旦脂肪超标了便会导致肥胖等问题，进而影响身心健康。血清中的血脂是血液中各种脂类物质的总称，甘油三酯是血脂的成分之一。血脂中甘油三酯水平的升高和降低都提示着某些疾病的发生。血脂高是引起心血管疾病的罪魁祸首，食用大量的含甘油三酯的食物可诱发出许多疾病，如血脂高、动脉粥样硬化、糖尿病、甲状腺功能减退、肾病综合征、胰腺炎、糖原贮积病等。血清甘油三酯在人体中处于动态平衡，其水平会随膳食成分的改变而改变，而且变动范围很大。血清甘油三酯水平正常值为 0.22 ~ 1.65 mmol/L，理想值应低于 1.70 mmol/L，超过 1.70 mmol/L 则需要改变生活方式进行调节，如控制饮食、增加运动；高于 2.26 mmol/L 则表示甘油三酯偏高，需要考虑治疗。

每天一个人应当摄入多少脂肪？中国营养学会建议每日膳食中由油脂供给的能量占总能量的比例，儿童和少年为 25% ~ 30%，成人 20% ~ 25% 为宜，一般不超过 30%。胆固醇的每日摄入量应在 300 mg 以下。换句话说，每天一个人应当摄入的脂肪与一天总摄入的热量相关。假如一个人每日应摄入 2000 kcal（1 cal=4.1868 J）热量，1 g 脂肪降解后可释放 9 kcal 热量，那么这个人一天应摄入的脂肪约为 55（=2000×25%÷9）g。事实上一般平常人摄入的脂肪已达到 50 ~ 80 g。婴儿、儿童和青少年在发育时期，摄入脂肪的占比高过成人，6 个月婴儿摄入的脂肪占所摄入的热量 45%，6 ~ 12 月的婴儿占 40%，1 ~ 17 岁青少年和儿童则占 25% ~ 30%，成人的脂肪占热量 20% ~ 25%。在一般热量摄入情况下，去除摄入的动物性和植物性食物中含有的脂肪后，食用油摄入量以 25 g 上下为宜，而不能是 55 g。目前，我国居民脂肪摄入量已经过多，每日脂肪摄入量有人可达 80 g，已超过中国营养学会和亚洲各国营养学界所推荐的上限。对于需要节食减肥的高血压、高血脂、糖尿病患者来说，如果能够把总脂肪摄入量控制在 60 g 以下，其中食用油不超过 25 g，对控制病情会更为理想。为了避免甘油三酯在体内偏高，每天油脂摄入量每千克体重不要超过 1 ~ 2 g 就可以了。每天所摄入的油脂中，还应注意有一定比例的必需脂肪酸，一般认为必需脂肪酸的摄入量应不少于总能量的 3%。脂肪酸的构成量要适当，其中多不饱和脂肪酸中的 ω-6：ω-3=4：1 为佳。

3. 食用油摄入过量会导致心血管疾病等

随着人们生活水平的提高，我国人民已从缺油、少油到目前过多食用油的阶段，摄入动物性食物不断增加，从传统的粮谷类、蔬菜为主的膳食结构逐渐向高能量、高脂肪的饮食方向发展。流行病学调查结果显示，当总脂肪供能不超过总摄入热量的30%时，有助于维持健康体质，而脂肪摄入过量会导致心血管疾病以及增加癌症等疾病的发病风险。随着食用油与动物性食物的市场供应日益丰富，我国城市居民膳食脂肪提供的能量已经达到甚至超过了35%，与脂肪过量摄入有关的慢性病，如肥胖、心血管疾病、癌症等的发病率也显著上升，因此应控制膳食中脂肪的过量摄入，降低膳食中总脂肪供能比有助于降低身体质量。膳食中总脂肪供能比每减少1%，身体质量相应减少0.19 kg。与膳食脂肪摄入量正常的人群相比较，过量的膳食脂肪摄入（脂肪供能比达36%）会引起收缩压和舒张压分别升高7.7 mmHg（1 mmHg=133.322 Pa）和6.3 mmHg。在今后膳食脂肪的营养教育和营养干预过程中，要全面且充分地考虑各方面因素对膳食脂肪摄入量的影响，帮助居民养成选择低脂肪含量食物的习惯，为人们提供客观合理而有针对性的饮食建议。

（三）食用油的保健作用

虽然膳食中脂肪酸的摄入在一定程度上影响脂蛋白的生理代谢，但到目前为止，我们只对食用油中少数脂肪酸的生理作用方式和位点有所了解，而对大部分脂类或脂肪酸在生物细胞和组织中的生理功能的了解还非常有限。人体皮肤的总脂肪量占人体质量的3%～6%。脂肪内含有多种脂肪酸，如果因脂肪摄入的不足，不饱和脂肪酸过少，皮肤就会变得粗糙，失去弹性。此外，食用植物油中还含有丰富的维生素E等营养皮肤及抗衰老成分，不仅具有美容养颜功效，还具有健体和抗衰老作用。随着较多临床研究的深入，食用油对健康和保健的作用越来越突出，食用油的保健功能也越来越引起人们的重视。

食用油中的脂肪酸根据碳氢链是否含双键，可分为饱和脂肪酸和不饱和脂肪酸。饱和脂肪酸碳氢链中不含双键，不饱和脂肪酸中有不饱和键（双键），能使溴水褪色，也能使酸性高锰酸钾溶液褪色。不饱和脂肪酸又根据含有双键的数目，分为单不饱和脂肪酸及多不饱和脂肪酸。单不饱和脂肪酸的碳氢链上只有一个不饱和键，即一个双键；多不饱和脂肪酸的碳氢链上有两个或两个以上不饱和键，即多个双键。

1. 饱和脂肪酸对人体具有潜在的生理作用

膳食中的饱和脂肪酸一方面可能会提高血清低密度脂蛋白胆固醇水平，从而导致动脉血管内壁胆固醇的沉积，致使人体易患各种心血管疾病；另一方面，某些饱和脂肪酸对人体具有潜在的有益生理作用，缺少了这类脂肪酸，机体就无法完成正常的生理功能。奶是婴幼儿和幼小动物成长的保证，动物乳腺产生的奶中含有丁酸、己酸、辛酸、癸酸、月桂酸、肉豆蔻酸、软脂酸、硬脂酸等一系列饱和脂肪酸，这些饱和脂肪酸是保证婴幼儿和幼小动物生长所必需的，对人体生长发育及哺乳动物的存活都具有至关重要的作用。

2. 不饱和脂肪酸具有降低低密度脂蛋白胆固醇水平的功效

地中海饮食是以橄榄油、蔬菜、水果、鱼类、五谷杂粮和豆类为主的饮食风格，可以减少患心脏病的风险，还可以保护大脑免受血管损伤，降低发生中风和记忆力减退的风险。地中海饮食中的橄榄油含有大量油酸等不饱和脂肪酸，具有降低低密度脂蛋白胆固醇水平的功效。橄榄油中的抗氧化成分，可以预防许多慢性疾病。人们喜爱的花生油也由于富含不饱和脂肪酸油酸，能够降低血液胆固醇含量，减少其在血管壁上的沉积，具有预防心血管疾病的作用。

3. 多不饱和脂肪酸的保健功能

食用油中的 ω-3 和 ω-6 多不饱和脂肪酸可合成细胞膜基质磷脂和前列腺素等活性物质，是组织细胞的组成成分，对线粒体和细胞膜的结构特别重要。食用油中的 ω-3 和 ω-6 多不饱和脂肪酸人体不能自身合成，属于必须从外界获取的必需脂肪酸，在体内有重要的生理作用。它们会生成对身体代谢有重要作用的活性物质。α-亚麻酸是 ω-3 多不饱和脂肪酸的母体化合物，在体内可以生成 EPA 和 DHA 等 ω-3 多不饱和脂肪酸。α-亚麻酸对高血脂、引起心血管疾病的血栓、动脉粥样硬化都有很好的预防、保健和治疗作用，还可提高大脑的功能和用于慢性肝炎的辅助治疗。研究表明，含有高含量 α-亚麻酸的亚麻籽油、紫苏油等，可以升高高密度脂蛋白胆固醇水平，降低低密度脂蛋白胆固醇、尿酸、血清总胆固醇、血清甘油三酯、游离脂肪酸、极低密度脂蛋白胆固醇水平，还能够降低体重、肝脏重，刺激 β - 氧化和抑制脂肪酸合成，减少肝脏脂质的积累，降低肝脏甘油三酯的水平。

（四）食用油中的脂溶性营养成分及其生理功能

脂肪组织其实不仅仅是一个仓库，它也是一种活跃的内分泌器官，通过释放多种脂肪因子参与代谢调控、免疫应答等重要生理过程。所以脂解也并不是仅仅与肥胖有关。例如，体温调节就与脂解直接相关。褐色脂肪中的解偶联蛋白 -1 在褐色脂肪细胞线粒体中，使能量主要以热能形式释放，负责通过非运动产热维持体温，而脂肪酸可以激活解偶联蛋白 -1。所以解偶联蛋白 -1 介导的温度调节关键取决于脂肪组织中脂肪酸的释放。食用油中不仅含有能提供能量、具有多种生理功能的脂肪酸，还含有少量或微量的脂溶性营养成分，不同食用油的营养成分差异较大。油中所含的营养成分对防止油脂氧化也起到很大的作用，如橄榄油、芝麻油中的多酚物质在氧化过程中起到了防止过氧化物降解的作用，从而延缓了过氧化产物的生成，进而延长了氧化诱导时间。维生素 E、植物甾醇和角鲨烯是植物油中重要的营养成分。油脂精炼是提高菜籽油品质的重要环节，一方面精炼会除去磷脂、微量金属等杂质，降低多环芳烃的含量，提高油脂品质；另一方面油脂精炼也会对维生素 E、植物甾醇和角鲨烯等具有抗氧化性的有益成分造成损耗。虽然油脂加工过程对有益成分造成的损失是无法避免的，但可以采取适度精炼的方法使精炼后的植物油在品质达标的基础上尽可能减少有益物质的流失。

1. 维生素 E 可提高油的抗氧化性、预防动脉粥样硬化

维生素的种类很多，但能够溶解在油脂中的只有脂溶性维生素 A、维生素 D、维生素 K、维生素 E 4 种。植物油中以含维生素 E 为主，其他 3 种的含量极少。动物油中均含 4 种维生素，不过由于油脂种类不同，维生素的含量和种类也有所不同。维生素 E 除了具有良好的抗氧化作用之外，还对人体的生育机能具有良好的促进作用：对于男性，其可以使精子数量生成增加、精子活力增强；对于女性，其能够使雌性激素浓度提高、提高生育能力、预防流产。维生素 E 具有提高机体免疫力、延缓

衰老、保护神经、抑制胆固醇合成及肿瘤细胞生长、预防动脉粥样硬化和心血管疾病等多种生理功能。

　　玉米胚芽油与米糠油中含有丰富的维生素E，能保持皮肤的健康，减少感染，促进皮肤的血液循环，维持皮肤的柔嫩与光泽，抑制各种色素斑、老年斑的生成。维生素E的水解产物为生育酚。天然的维生素E主要由 α-、β-、γ-、δ-生育酚和 α-、β-、γ-、δ-生育三烯酚8种异构体组成，以 α-、γ-生育酚为主。在不同种类植物油中，这8种维生素E的组成和含量均存在一定差异。植物油中富含天然维生素E，是膳食中摄取维生素E的主要来源，维生素E可极大提高油的抗氧化性。维生素E对热、酸稳定，对碱不稳定，对氧敏感，但油炸时维生素E活性明显降低。食用油中生育酚的总含量为215～1032 mg/kg。α-生育酚/γ-生育酚系数最高的是葵花籽油，最低是芝麻油，即说明葵花籽油以 α-生育酚为主，含量为638.2 mg/kg，而芝麻油以 γ-生育酚为主，含量为496.5 mg/kg。其中大豆油和玉米油的总生育酚含量高，含量分别为1032 mg/kg、1014 mg/kg，橄榄油最低，仅有215 mg/kg。葵花籽油 α-生育酚含量最高，芝麻油、米糠油、玉米油、菜籽油和花生油中 γ-生育酚含量较高。橄榄油、芝麻油和花生油中均未检出 δ-生育酚（表2.1）。

表2.1　不同食用油中维生素E各成分含量

种类	总生育酚含量 / （mg/kg）	生育酚含量 / （mg/kg）				α-生育酚 / γ-生育酚
		α-生育酚	β-生育酚	γ-生育酚	δ-生育酚	
橄榄油	215	179.2	ND	35.8	ND	5.01
芝麻油	511	14.5	ND	496.5	ND	0.03
米糠油	603	425.3	67.7	79.2	30.8	5.37
大豆油	1032	121.0	11.5	22.6	176.9	0.17
玉米油	1014	248.2	14.9	699.1	51.8	0.36
菜籽油	850	209.3	119.5	507.5	13.7	0.41
花生油	389	183.2	7.7	198.1	ND	0.92
葵花籽油	698	638.2	23.9	29.5	6.4	21.63

注：表中ND代表低于检出限。

油脂精炼前后总生育酚平均损失可达 15% 以上，脱臭对营养成分的损失最大。一般脱臭温度在 210℃ 以上，温度高导致营养成分分解或随蒸馏后的馏出物排出。脱臭馏出物常用来制取更高浓度的维生素 E。

2. 植物甾醇对心血管疾病患者的保健作用

甾醇按照其来源可分为植物甾醇、动物甾醇和菌类甾醇。动物油中含有动物固醇（动物甾醇），其典型代表为胆固醇，对心血管疾病患者不利。植物甾醇属于三萜烯化合物。植物油中含有的植物甾醇亦称植物固醇，是存在于高等植物中的固醇，虽然植物甾醇在化学结构上类似于哺乳动物体内的胆固醇，也具有环戊烷多氢菲的环系结构（又称为甾核或甾体），仅在侧链上略有不同，但对心血管疾病患者不仅无不利影响，而且还有良好的保健作用。植物甾醇广泛存于植物中，人体内还不能自身合成，只能从食物中摄取。植物甾醇的命名经常以它存在于的植物命名，如存在于大豆、菜籽中的植物甾醇，分别称为豆甾醇、菜油甾醇。植物甾醇的种类很多，已经报道过的甾醇超过 250 种，其中最常见的为 β-谷甾醇、菜油甾醇、豆甾醇和菜籽甾醇，此外还有菠菜甾醇、Δ^5-燕麦甾烯醇、谷甾烷醇和菜油甾烷醇等。不同食用油中植物甾醇的种类十分相似，主要有豆甾醇、β-谷甾醇、菜油甾醇 3 种，但总含量差异较大，为 80 ～ 5800 mg/kg。植物甾醇是植物中的一种有益的活性营养成分，主要以游离、酯化或糖苷等形式广泛存在于植物油、坚果、谷物、蔬菜和水果等食物中，最丰富的是存在于小麦、大豆中的 β-谷甾醇，另外还有豆甾醇、菜油甾醇等。其中菜油甾醇吸收最好，豆甾醇的吸收最差。植物甾醇自身不易被肠黏膜吸收，并能抑制胆固醇的吸收，可用于开发降低胆固醇的药物。植物甾醇有许多生理功能，包括抗高脂血症、减轻动脉粥样硬化、预防心血管疾病、抗癌、抗炎、解热、镇痛和调节免疫等，植物甾醇具有阻断致癌物诱发癌细胞形成的功能，对皮肤癌、大肠癌、乳腺癌等多种癌症也有良好的抑制作用。植物甾醇具有降低血清总胆固醇和低密度脂蛋白胆固醇水平的能力，对治疗高胆固醇血症具有显著的效果。植物甾醇是一类天然存在、具有重要生物活性的化学物质，是构成细胞膜、细胞器的主要成分，植物甾醇具有稳定植物细胞膜中磷脂双分子层的作用。

3. 抗氧化剂角鲨烯可促进心血管健康

角鲨烯又名鲨烯、鲨萜、角鲨油素、鱼肝油萜，是一种具有多种生理功能的高度不饱和开链三萜类化合物，属脂质不皂化物，因最初发现于鲨鱼肝油而得名。角鲨烯因含 6 个双键，极不稳定，易氧化，在镍、铂等金属作用下加氢可生成角鲨烷。在各种植物油、果实、叶、真菌子实体等中都含有角鲨烯。角鲨烯在特级初榨橄榄油中含量尤其丰富，橄榄油中角鲨烯含量高达 2197 mg/kg，其次是玉米油、花生油、菜籽油。大量的角鲨烯与细胞膜磷脂双分子层中的脂肪酸形成复合物，稳定细胞膜结构，对氧化损伤造成的心肌损伤起到保护作用。角鲨烯是人体必需的几种甾醇的前体，角鲨烯可促进心血管健康，具有防癌、抗癌、抗抑郁、解毒、调节免疫等方面的健康功效。角鲨烯是一种有效的天然抗氧化剂，具有抵抗紫外线、提高体内超氧化物歧化酶活性、改善性功能、抗衰老、抗疲劳等多种生理功能。角鲨烯还具有抗炎作用，增强具有抗炎作用的酶的表达水平，有显著的治疗炎症的潜力。

4. 具有抗氧化、抑菌、抗癌作用的植物多酚

植物多酚或称单宁，是植物单宁及与单宁有生源关系的多酚类化合物的总称，是一类广泛存在于植物体内的具有多元酚结构的次生代谢物。植物多酚主要存在于植物的皮、根、叶和果实中。食用油中芝麻油的多酚含量最高，为 388 mg/kg。大豆油、菜籽油、葵花籽油和玉米油的多酚含量为 20～80 mg/kg，葵花籽油和玉米油的多酚含量很少。植物多酚主要包括类黄酮（黄酮醇和花色素等）、酚酸（含有酚环可以杀菌的有机酸，最常见的是咖啡酸和香豆酸）、姜黄素（从姜科植物根茎中提取的多酚类化合物）、木酚素（一种植物雌激素，广泛存在于亚麻籽中）、芪类化合物（具有均二苯乙烯母核或其聚合物的一类物质）和单宁酸（又称鞣酸或鞣质，是多元酚类高分子化合物）。植物多酚具有抗氧化、抑菌等作用，如可在食品上作为抗氧化剂、抑菌剂、澄清剂等，在医药上植物多酚具有保护心血管、抗癌、保护神经等作用。

5.细胞膜的基本组成成分磷脂

磷脂是一种含磷的类脂化合物,分成甘油磷脂和鞘磷脂两类。甘油磷酸中甘油的两个羟基被脂肪酸酯化,形成磷脂分子的非极性尾部;与甘油另一个羟基酯化的磷酸上的磷酸基,与极性醇(如胆碱、乙醇胺等)酯化,形成磷脂分子的极性头部。磷脂会发生皂化反应、酶催化反应、氢化反应、乙酰化反应、羟基化反应及卤化反应等。磷脂是细胞膜的基本组成成分,具有活化细胞、维持新陈代谢、增强人体的免疫力和再生力、促进脂肪代谢、防止脂肪肝、降低血清胆固醇水平、改善血液循环、调节血脂、预防心血管疾病、改善记忆、延缓衰老等生物活性,除去十分可惜。油脂中的磷脂虽然具有很高的营养价值,但在油炸食品时,磷脂会使油冒泡,随后使油色变深、变黑,影响食品的外观色泽和口味。由于磷脂具有亲水性,能促使油脂水解,降低了油脂贮存的稳定性。磷脂在高温时易炭化生成大量黑色沉淀,甚至成凝胶,因而磷脂的存在也降低了油脂的食用品质。在制油时,油料中的磷脂会转到油脂中。因此,检验毛油和成品油中的磷脂含量,对于掌握生产操作和保证油脂质量都是不可缺少的,故精炼后的油脂中磷脂的含量越少越好。一般豆油的磷脂含量为1%~3%,其他食用油的磷脂含量在1%以下。磷脂能在含水很少的油脂中溶解。食用油磷脂含量是否合格可以根据280℃加热实验来判断,但只能定性,不能定量。要判断油脂中磷脂的含量,可用高效液相色谱分析和钼蓝比色法。

(1)脱胶也常被称为脱磷。毛油中含有大量的磷脂,粗毛油中的胶质主要是磷脂,因此脱胶也常被称为脱磷。虽然磷脂是重要的应用成分,但为保证油品质量仍将大部分磷脂除去。若毛油在脱胶过程中磷脂没有被彻底去除,会对后续的精炼工序造成许多不良影响。如影响油脂碱炼:磷脂在碱性介质的作用下,容易发生皂化反应,从而消耗一部分碱液,降低碱炼脱酸的效果;影响油脂脱色效果:油脂脱色多采用白土,而磷脂是一种表面活性剂,具有较强的极性,容易被白土吸附而降低白土的吸附活性,从而降低白土对色素的吸附能力;影响油脂脱臭:工业上油脂的脱臭温度约为260℃,磷脂在高温下会炭化变黑,从而加深油脂色泽，且受热分解会转化为多环不挥发物残留在油脂中，影响脱臭油的稳定性、影响油脂返色、影响油脂回味等。因此对植物毛油中磷脂含量的检测显得尤为重要。

（2）常见的甘油磷脂一般都称为卵磷脂。从广义上讲卵磷脂为包括磷脂酰胆碱、脑磷脂（磷脂酰乙醇胺）、肌醇磷脂（磷脂酰肌醇）、丝氨酸磷脂（磷脂酰丝氨酸）和神经鞘磷脂等的复合磷脂。狭义的卵磷脂就是磷脂酰胆碱，由甘油、胆碱、磷酸、磷脂、饱和及不饱和脂肪酸等组成。

（3）值得注意的 ω-3 脂肪酸磷脂。当磷脂中脂肪酸为 ω-3 脂肪酸时即为 ω-3 脂肪酸磷脂。ω-3 脂肪酸磷脂在体内代谢成甘油磷酸胆碱和 ω-3 脂肪酸，甘油磷酸胆碱是重要的神经传递介质乙酰胆碱的生物合成前体，ω-3 脂肪酸已被证实具有提高机体免疫力、改善心脏健康、降低心血管疾病的发病率等生理功能，两者的生理功能具有协同效应。磷脂在体内是一种主动吸收方式，吸收率接近于 100%，远远高于被动吸收方式的甘油酯和乙酯。此外 ω-3 脂肪酸磷脂稳定性更好，特别是磷脂型 DHA 和 EPA 没有腥味，感官品质更优。有研究表明，当 DHA 结合到磷脂甘油骨架上时，其脑部细胞吸收效率是非酯化 DHA 的 10 倍，并且稳定性更高，更容易通过血脑屏障，对脑神经细胞的保护功能更强。随着医药、保健品对 ω-3 脂肪酸磷脂产品需求的增大，必将促使其制备方法的进步。天然提取法受到原料资源限制，难以满足市场的需求，数量众多而又无法获得充分利用的海产品很有可能是未来开发 ω-3 脂肪酸磷脂的良好来源。

（4）磷脂含量检测。钼蓝比色法分析原理是植物油中的磷脂经灼烧成为五氧化二磷，被热盐酸变成磷酸，遇钼酸钠生成磷钼酸钠，并用硫酸联氨还原成钼蓝。毛油中磷脂含量检测结果如下（mg/g）：大豆毛油，2.577；菜籽毛油，9.631；花生毛油，0.644；葵花籽毛油，2.253。

（五）食用油中的香气成分

食用油中的香气成分是一个复杂的混合体系，各混合物交织在一起共同赋予油脂特有的香味。风味是评价食用油质量的重要指标，一直以来受到关注。香气成分对食用油的整体风味起着重要作用。目前已知食用油的香气成分主要包括醛类、酯类、醇类、酮类、吡嗪类、吡啶类、吡咯类、呋喃类、噻唑类、噻吩类、萜烯类等，这些成分的种类、含量、感官阈值，以及它们之间的累加、分离、抑制、协同等作用，客观地影响着食用油中香气的含量和品质。

1. 芝麻油中的香气成分研究

芝麻油是小磨香油和机制香油的统称。小磨香油是一种天然调味油，是用我国传统水剂法（又称水代法）制取的具有烤芝麻天然风味的油脂。由于它具有浓郁的烤芝麻香味而受到人们的青睐。芝麻油的香气成分是吡嗪、呋喃、噻唑、噻吩、吡咯以及醇、醛、酮、酸、酯类等化合物。以蒸馏、萃取法从芝麻油中萃取挥发性物质并分析香气成分，共得211 种化合物。其中以呈现焙烤味、花生味的吡嗪含量最高，38 种吡嗪约占香气成分总量的 40%，其中 2- 甲基吡嗪、2,5- 二甲基吡嗪、2,6- 二甲基吡嗪分别占 17.20%、4.77%、3.52%。对甜味有较大贡献的是 25 种酮、17 种呋喃及 2 种吲哚，其中含量较高者为 3- 甲基 -2- 丁酮（2.09%）和糠基乙醇（5.89%）。此外，4 种噁唑具有青草味和核果味，14 种硫酚为含硫味和核果味。用葡萄糖、半胱氨酸、精氨酸和水解芝麻蛋白在 145℃下加热 40 min，就可以产生接近焙炒芝麻的香气，香气中的主要物质是 2- 乙基 -5- 甲基吡嗪、乙酰呋喃、2- 乙酰噻唑和 5- 乙基 -4- 甲基噻唑。这些香气成分沸点低，因此芝麻油不适于煎炸，且若生产芝麻油时温度过高，还会引起诸多营养物质的劣变，影响芝麻的资源利用。机榨、低温压榨和水酶法制取的芝麻油用途广，并能综合开发蛋白质、维生素和芝麻木酚素等营养成分。香味成分中也发现具长碳链的吡嗪和吡啶，显示油脂自氧化中间物也对香气有贡献。

2. 5 种食用油中的香气成分

利用固相微萃取 - 气质联用技术对橄榄油、花生油、亚麻籽油、葵花籽油和调和油 5 种食用油进行香气成分分析，测定其中香气成分的种类与含量。这 5 种食用油中香气成分的主要种类有烷类、醛类、醇类、胺类、酯类、烯类、酮类、酚类等，香气成分种类数量的排序为亚麻籽油＞橄榄油＞花生油＞葵花籽油＞调和油，其中醛类在亚麻籽油、橄榄油和花生油的香气成分中所占比例较大。在相对含量上，葵花籽油的香气成分含量最高达到 66.11%，花生油是 39.81%，橄榄油是 34.49%，调和油是 21.58%，亚麻籽油是 12.71%。不同食用油中醛类物质的总含量为 5.75% ～ 19.69%。醛类物质一部分是发酵产生，但是大部分由氨基酸脱氨、脱羧基生成。在葵花籽油、亚麻籽油和花生油中检测出了糖醛，其含量分别为 0.38%、2.91%、0.55%，糖醛是具有焦糖气味的物质。橄榄油、花生油、亚麻籽油、葵花籽油、调和油中的醇类物质的总含量分别为 6.14%、2.61%、1.84%、3.81%、59.14%，大多数醇类物质都具有花草的香味。通过对这 5 种食用油的香气成分进行分析，结果显示，不同种类食用油的香气成分在含量和种类上都有所不同，因此各自具有其独特的香味。亚麻籽油、花生油和橄榄油的香气成分种类较复杂，香味突出。

（六）食用油中的有害成分

食用油是人体每天必须摄入的营养物质。因此，食用油的卫生问题对人体是非常重要的，其主要问题为油脂酸败、微生物污染及有害物质的产生。食用油的有害成分主要包括以下几种：

1. 产生哈喇味的游离脂肪酸

任何食用油中均有含量不等的游离脂肪酸。游离脂肪酸易与空气中的氧发生氧化作用，而使食用油产生哈喇味。由于游离脂肪酸是造成食用油变坏的根本原因，食用油中游离脂肪酸含量越少越好。游离脂肪酸是指食用油产品中水解而存在的脂肪酸单体物，一般用酸价表示。游离脂肪酸不仅在食用油产品中广泛存在，而且是人体消化代谢的中间产物。

2. 氧化酸败生成的过氧化物

食用油中的不饱和脂肪酸在光线、氧气等作用下，容易缓慢地发生氧化作用，并生成过氧化物和新的自由基等物质。过氧化物还会裂解为低分子的醛、酮、酸等有哈喇味的产物，这一过程称为氧化酸败。氧化酸败使食品的质量大为下降，食用严重氧化酸败的食用油对人体消化系统、肝脏、肾脏、心脏等会造成损害，导致呕吐、腹泻等，严重者甚至会诱导产生肿瘤、致癌或死亡。

3. 致癌性很强的多环芳烃

多环芳烃是指含有 2 个及以上苯环的碳氢化合物，包括萘、蒽、菲、芘等 150 余种，其中含 4～6 个苯环的并环化合物具有致癌作用。根据苯环的数目可以分为两类：4 个苯环以下的为轻质多环芳烃，4 个苯环以上的为重质多环芳烃。通常重质多环芳烃要比轻质多环芳烃更稳定，毒性更大。研究表明，大多数的多环芳烃具有致癌性、致畸性和致突变性，它们可以通过身体脂肪迅速分布到人体各种组织中。其中，一些多环芳烃的代谢物具有与细胞蛋白质和 DNA 结合的能力，具有毒性作用，对细胞造成损害，从而导致突变和癌症。长期食用多环芳烃含量高的食用油会对人们的身体造成一定的危害，因此食用油中多环芳烃的检测是十分重要的，对于鉴定食用油品质具有重要影响。苯并芘含 5 个苯环，是典型的重质多环芳烃，分子式为 $C_{20}H_{12}$，致癌性很强。苯并芘中以苯并 [a] 芘致癌性最高。在较高的温度下，油料会发生聚合及裂解反应，局部过热、烤焦或炭化后很可能因为有机物的热解和不完全燃烧使其中多环芳烃的含量明显增加。香味食用油经过高温焙炒而又不经过完整的精炼工序，导致炒制过程中产生的多环芳烃无法被有效地去除，可能造成多环芳烃类化合物含量较高或超标。

4. 毒性很高的黄曲霉毒素等真菌毒素

食用油料作物比较容易被真菌毒素污染。真菌毒素是由真菌在生长过程中产生的，压榨或浸出工艺都可以将真菌毒素迁移到食用油中。真菌毒素为易引起人体病理变化的次级代谢产物，毒性很高，可能引起生殖异常、肝肾中毒，并可能致癌、致畸。真菌毒素主要包括有强烈毒性和致癌性的黄曲霉毒素 B_1；能引起动物繁殖机能异常甚至死亡的玉米赤霉烯酮，玉米赤霉烯酮主要污染玉米、小麦、大米、大麦、小米和燕麦等谷物；还有可以引起猪的呕吐、对人体有一定危害作用的呕吐毒素；等等。

5. 食用油中有害成分反式脂肪酸、增塑剂、氯丙醇酯类、缩水甘油酯

反式脂肪酸可增加心血管疾病的风险。增塑剂又称塑化剂，是工业上广泛使用的高分子材料助剂，使用最广泛的是邻苯二甲酸二（2-乙基己基）酯，少量摄入增塑剂不会对健康产生影响，但是大量食用会给人体的生殖系统、免疫系统、消化系统带来慢性危害。各种食用油或油脂食品中都含有一定量的 3- 氯丙醇酯，市售食用油中 3- 氯丙醇酯的污染较普遍。精炼油中 3- 氯丙醇酯多数是在脱臭过程中形成，最关键的影响因素就是脱臭温度和脱臭时间，脱臭温度的升高和脱臭时间的延长都会增加 3- 氯丙醇酯的产生。脱色过程也会影响 3- 氯丙醇酯的生成量。在食用油中还含有数量较多的缩水甘油酯，脂肪酸缩水甘油酯是缩水甘油和脂肪酸的酯化产物，脂肪酸缩水甘油酯被人体摄入后在体内可能会代谢产生具有基因毒性的缩水甘油，但其毒性目前并不明确。油脂中的甘油二酯含量可能是影响精炼后油脂中缩水甘油酯含量的因素之一。

（七）要避免油脂过度精炼

随着社会经济的逐步发展，人们从"有油吃"逐步过渡到"吃好油"，在油脂加工过程中，由过分追求色泽、烟点等指标及精炼"四脱""六脱"甚至"七脱""八脱"的加工工艺逐步向适度加工的方向发展。

1. 过度追求"精而纯"造成了加工能耗高、资源和能源浪费严重

过度追求"精而纯"导致油脂加工业倾向过度加工，这造成了加工能耗高、资源和能源浪费严重，而且导致油脂中天然营养素如维生素 E、角鲨烯、植物甾醇等严重流失，大大降低了食用油作为脂溶性营养成分载体的价值，降低了食用油的营养品质，引发新的食品安全问题。由于对油脂进行过度精炼，导致巨量油脂浪费，每年损失油脂 1.5×10^9 kg 以上，相当于白白浪费了 10^{10} kg 大豆，无形之中每人每年就少吃了 1 kg 油。这对于我们这个 90% 的大豆需求依赖进口的油脂消费大国来说是绝对不应该的。原国标一、二级油的精炼损失率约为 2%，色拉油的精炼损失率更是高达 5% 左右。色拉油的商品外观虽受人追捧，但营养价值已

大打折扣。食用油经过脱色、脱臭、脱蜡和脱固体脂的精炼处理，具有抑制癌细胞增殖、提高免疫力、抗氧化作用的胡萝卜素和叶绿素，已被脱除绝大部分，而且除去了食用油中天然存在的绝大部分有益微量营养素，加剧了维生素 E、植物甾醇、角鲨烯等营养素的流失。植物甾醇被除去 35% ～ 40%，维生素 E 被除去 70%，角鲨烯被除去 80%。这些可贵的天然营养素就这样在过度加工中被无情地精炼掉了。过度加工的油品外观诱人，但天然营养素损失严重，使食用油的营养价值大幅度降低。人们所摄入的维生素 E 主要来源于食用油，由于过度加工，食用油中维生素 E 损失严重，导致消费者从食用油中摄入维生素 E 的水平呈下降趋势。1992 年城市居民通过食用油摄入的维生素 E 占 69.3%，2012 年只占 60.0%。我国居民植物甾醇日平均摄入量仅为 322 mg，其中 40% 来自食用植物油。如果能将精炼掉的这些营养素大部分保留在食用油中，则意义重大。油脂过度加工还会引发食品安全风险，衍生出新的食品风险因子，如反式脂肪酸、3- 氯丙醇酯、缩水甘油酯等，同时导致食用油返色、回味和发朦现象频发。2013 年国家食品安全风险评估就已指出，食用植物油是城市居民膳食反式脂肪酸的主要来源。

2. 开发适度加工新技术、新装备、新标准

油脂加工业已提出以"提质、减损、增值、低碳"为新发展理念，针对大宗油料或特种油料的油脂过度加工导致营养素流失、危害因子形成、蛋白质功能损伤等突出问题，开展了适度加工新技术、新装备、新标准等产业技术问题研究，并已取得了重大进展。脱胶阶段影响生育酚保留率的主次因素顺序为脱胶温度＞磷酸添加量＞加水量，甾醇与之相同；脱酸阶段影响生育酚保留率的主次因素顺序为终温＞碱液质量分数＞时间，甾醇与之相同；脱色阶段影响生育酚保留率的主次因素顺序为温度＞活性白土添加量＞时间，影响甾醇保留率的主次因素顺序为时间＞活性白土添加量＞温度；脱臭阶段影响生育酚保留率的主次因素顺序为时间＞压力＞温度，甾醇与之相同。近几年，为推动适度加工技术应用，标准规范成为重要的研究内容，2014 年全国粮油标准化技术委员会启动了食用植物油精准适度加工技术规程的制订工作，并对多

种食用植物油的质量标准进行修订，从近年新颁布的油脂标准来看，特别是质量指标的调整，色泽、烟点、酸价等指标充分体现了适度加工带来的改变，对于色泽，以感官指标代替了罗维朋比色，烟点和酸价等指标也进行了重大调整。

第三章

多种多样的脂肪酸

食用油是由脂肪酸和甘油组成，甘油分子比较简单，为丙烷分子上的氢原子被 3 个羟基取代，而脂肪酸却比较复杂。天然存在的脂肪酸有 100 多种，脂肪酸中碳氢链的长短、不饱和程度等都有所不同，有的脂肪酸还有支链。天然存在的脂肪酸在自然界广泛存在，脂肪酸可以通过自身的羧基与具有羟基的甘油、sn- 甘油 -3- 磷酸、鞘氨醇、糖等分子结合在一起，形成油脂、甘油磷脂、鞘磷脂和糖脂等脂类化合物，具有多种生理功能。

（一）脂肪酸是由长碳氢链和羧基组成

脂肪酸是由碳、氢、氧三种元素组成的一类含有长碳氢链和羧基的化合物。含有 1 个羧基的脂肪酸称为一元羧酸，是最常见的脂肪酸，如丁酸、软脂酸、硬脂酸等。直链一元饱和脂肪酸的通式是 $C_nH_{2n+1}COOH$，其中 C_nH_{2n+1} 代表长碳氢链，可表示为 R；一元羧酸分子的一头是羧基，为脂肪酸的官能团，具有酸性，可与羟基结合成酯，与金属离子形成盐；一元羧酸分子的另一头是长碳氢链末端的甲基。长链脂肪酸碱金属盐在水中能形成胶体溶液，肥皂就是长链脂肪酸的钠盐。含有多个羧基的脂肪酸称为多元羧酸，如草酸、丁二酸含有 2 个羧基，为二元羧酸。脂肪酸根据碳链长度的不同可分为短链脂肪酸、中链脂肪酸和长链脂肪酸。短链脂肪酸，其碳链上碳原子数小于 6，也称作挥发性脂肪酸，是无色液体，如醋酸（2 个碳，C_2），有刺激性气味；中链脂肪酸，其碳链上碳原子数为 6 ～ 12，如辛酸（8 个碳，C_8）和癸酸（10 个碳，C_{10}）；长链脂肪酸，其碳链上碳原子数大于 12，是蜡状固体，如硬脂酸（18 个碳，C_{18}）和软脂酸（16 个碳，C_{16}），没有可明显嗅到的气味。自然界中存在的 100 多种脂肪酸，大部分由线性长碳氢链组成，少数碳氢链还具有分支结构。

（二）脂肪酸的 Δ 编码体系和 ω（或 n）编码体系

脂肪酸命名时，每个碳原子都需要编号，脂肪酸碳氢链上碳原子的编号可以从羧基端开始算起，也可以从甲基端开始算起，故有 Δ 编码体系和 ω（或 n）编码体系，这两种体系的编号方向完全相反。一元羧酸的 Δ 编码体系是从脂肪酸的羧基碳开始计算碳原子的顺序；ω（或 n）编码体系是从脂肪酸长碳氢链的末端甲基碳开始计算碳原子的顺序。

1. 脂肪酸的 Δ 编码体系

脂肪酸碳氢链上碳原子编号一般都是从羧基碳开始，计算碳原子的顺序，为 Δ 编码体系。在脂肪酸 Δ 编码体系中羧基碳编号为 1，碳氢链上的碳原子编号一般从 2 到 24，高级脂肪酸碳原子总数一般在 12 个以上。如对硬脂酸、油酸等 18 个碳的脂肪酸，在 Δ 编码体系中，羧基碳编号为 1，最末尾甲基编号为 18，油酸含有的一个双键在 9,10 位碳之间。硬脂酸和油酸分子的结构式和碳原子的编号如下：

2. 不饱和脂肪酸的 ω（或 n）编码体系

脂肪酸的 ω（或 n）编码体系从甲基碳算起，其编码方向与 Δ 编码体系从羧基碳算起的编码方向恰恰相反，ω 或 n 的编码往往用于不饱和脂肪酸特别是多不饱和脂肪酸双键位置的标出，称为 ω 编码体系或 n 编码体系，编号起始点是离羧基最远的甲基碳原子，编号方向是从甲基到羧基，甲基碳编号为 1。希腊字母"ω"就是最末的意思，按 Δ 编码体系标号从羧基碳算起，甲基碳为最末端，即 ω-端，脂肪酸的甲基端就称为 ω-碳或 n-碳，编号为 1。ω（或 n）编码体系用于不饱和脂肪酸编号时，不饱和脂肪酸离甲基最近的双键编号从甲基碳算起编号为几，就是 ω-（或 n-）几不饱和脂肪酸。从末端甲基碳开始计数，数到第一个双键的位置若为 3，就是 ω-3 不饱和脂肪酸，由此可有 ω-3、ω-6、ω-7、ω-9 不饱和脂肪酸等。常见的多不饱和脂肪酸系列是 ω-6（或 n-6）系列和 ω-3（或 n-3）系列，是长链脂肪酸从最末端甲基开始数，在第 6 位或第 3 位的碳上开始有双键。在第 6,7 位有双键的称为 ω-6（或 n-6）多不饱和脂肪酸，在第 3,4 位有双键的称为 ω-3（或 n-3）多不饱和脂肪酸。在同一系列中的 ω-6 或 ω-3 多不饱和脂肪酸，由于同系列结构相似就会有相似的生理功能，被归为一类。α-亚麻酸（十八碳三烯酸）为 ω-3 多不饱和脂肪酸，其碳氢链上有 18 个碳，3 个双键，Δ 编码体系按羧基碳编号为 1，末尾甲基碳编号为 18，最末端的双键处于第 15,16 位上；但在 ω（或 n）编码体系中，相应位置的双键处于第 3,4 位上。下图为 α-亚麻酸的结构式及其 ω（或 n）编码体系（上）、Δ 编码体系（下）：

$$\overset{1}{\underset{18}{}}\overset{3}{\underset{17}{}}\overset{4}{\underset{14}{}}\overset{6}{\underset{11}{}}\overset{7}{\underset{}{}}\overset{9}{\underset{8}{}}\overset{10}{\underset{}{}}\overset{12}{\underset{4}{}}\overset{16}{\underset{1}{}}\overset{18}{\underset{}{COOH}}$$

（三）脂肪酸的结构特点

常见的线性长链脂肪酸之间的区别主要是碳氢链上碳原子的数目、双键的数目和位置不同，在结构上有以下几个特点：

1. 常见的脂肪酸都是偶数碳原子的羧酸

食用油水解得到的一般是 10 个碳以上双数碳原子的羧酸，饱和脂肪酸如含 18 个碳的硬脂酸、含 16 个碳的软脂酸。而软脂酸分布最广，几乎所有油脂中都有，硬脂酸在动物脂肪中含量达 10% ~ 30%。食用油中还含有带双键的不饱和脂肪酸，最重要的是含 18 个碳的油酸、亚油酸和亚麻酸。天然脂肪酸分子一般为线性分子，通常由偶数碳原子组成，这是由于在生物体内脂肪酸是以二碳单位（乙酰辅酶 A）形式聚合而成的（同时伴随还原）。碳原子数一般为 4 ~ 36 个，多数为 12 ~ 24 个，最常见的为含 16 个碳和 18 个碳的脂肪酸。

2. 不饱和脂肪酸双键常为顺式结构

脂肪酸包括饱和、单不饱和和多不饱和脂肪酸，双键数目一般为 1 ~ 4 个，少数可多达 6 个。不饱和脂肪酸中有一个不饱和双键几乎总是处于第 9,10 位碳之间（Δ^9），且多数为顺式结构。不饱和脂肪酸碳氢链由于双键不能旋转而出现结节，顺式结构还会引起结构上的弯曲，不易折叠为晶体结构，熔点低于同样长度的饱和脂肪酸。如硬脂酸熔点为 69.9℃，而油酸（一个顺式双键）只有 13.4℃。细菌中有含甲基、环丙烷等侧链的脂肪酸，植物脂肪酸有的还含炔键、羟基和酮基等，也会降低脂肪酸的熔点，如 10- 甲基硬脂酸熔点只有 10℃。脂肪酸的物理性质主要取决于其碳氢链的长度与不饱和程度。

3. 多不饱和脂肪酸通常双键不共轭

多不饱和脂肪酸双键之间往往隔着一个亚甲基，不共轭，局部为 1,4- 戊二烯结构，熔点更低。

（四）脂肪酸的种类和命名

脂肪酸种类很多，分类方法也有多种。

1. 按来源不同分为外源性脂肪酸和内源性脂肪酸

人体内的脂肪酸大部分来源于食物，这部分脂肪酸称为外源性脂肪酸，在体内可通过代谢、改造加工后被机体利用；人体利用糖和蛋白质在体内从头合成的饱和脂肪酸和单不饱和脂肪酸，称为内源性脂肪酸。脂肪酸链的延长是由二碳单位逐步加入进行的，因此天然存在的脂肪酸的碳原子数绝大部分都是双数。乙酰辅酶A是脂肪酸分子从头合成时碳原子的唯一来源，可来自糖的氧化分解，也可来自氨基酸的分解。反应是在乙酰辅酶A羧化酶和脂肪酸合成酶复合物催化下进行的，一般情况下，体内脂肪酸合成酶复合物催化脂肪酸合成终止于16个碳的软脂酸，16个碳以上的脂肪酸进一步延长链和插入双键是由另外的酶催化完成的，如碳链延长酶和脂肪酸脱氢酶等。合成脂肪酸的主要器官是肝脏和哺乳期乳腺，另外脂肪组织、肾脏、小肠也可以合成脂肪酸，合成是在细胞的细胞质中进行的。

2. 按含不含双键分为饱和脂肪酸和不饱和脂肪酸

根据脂肪酸碳氢链的饱和度的不同，脂肪酸分为饱和脂肪酸、单不饱和脂肪酸和多不饱和脂肪酸。饱和脂肪酸碳氢链中不含双键，不饱和脂肪酸中有双键，根据含双键的多少又分为单不饱和脂肪酸和多不饱和脂肪酸。ω-3和ω-6多不饱和脂肪酸，由于人体不能合成，必须从食物中不断补充，所以被称为必需脂肪酸，特别是ω-3多不饱和脂肪酸，其自然界来源少，更要注意从含ω-3多不饱和脂肪酸多的食物和膳食补充剂中获取。

（五）脂肪酸的数字符号表示法

脂肪酸除用系统命名和通俗名表示外，为简单起见，还可由数字符号表示。如先写出脂肪酸的碳原子数目，再写双键数目，两个数目之间用冒号（：）隔开，如油酸可简单表示为 C18:1（或 18:1），即有 18 个碳、1 个双键。若需标出双键位置，一般按 Δ 编码体系，可用 Δ 加右上标数字表示，再用数字标出双键键合的两个碳原子编码较低的碳原子计数。由碳碳双键不能旋转导致分子中原子或原子团在空间的排列方式不同所产生的异构现象，称为顺反结构。两个相同的原子或原子团排列在双键的同一侧称为顺式结构；两个相同的原子或原子团排列在双键的两侧称为反式结构。顺式结构的要在数字后面用 c（cis，顺式）标明此双键的构型；反式结构的要在数字后面用 t（trans，反式）标明此双键的构型。如油酸可简写为 C18:1 Δ^{9c}，表明该脂肪酸有 18 个碳，1 个双键在第 9,10 位碳之间，且为顺式，其化学名称为顺 -9- 十八碳一烯酸；亚油酸可简写为 C18:2 $\Delta^{9c,12c}$，表明该脂肪酸有 18 个碳，2 个双键分别在第 9,10 位碳和 12,13 位碳之间，且均为顺式，其化学名称为全顺式 -9,12- 十八碳二烯酸；α - 亚麻酸，可简写为 C18:3 $\Delta^{9c,12c,15c}$，表明该脂肪酸有 18 个碳，3 个双键分别在第 9,10 位碳、12,13 位碳和 15,17 位碳之间，且均为顺式，化学名称为全顺式 -9,12,15- 十八碳三烯酸；反油酸可简写为 C18:1 Δ^{9t}，表明该脂肪酸有 18 个碳，1 个双键在第 9,10 位碳之间，且为反式，其化学名称为反 -9- 十八碳一烯酸。双键为顺式结构的有时可不加 c，如油酸也可省去 c，简写成 C18:1 Δ^{9}。

某些天然存在的脂肪酸的名称：

硬脂酸	十八烷酸	C18:0
软脂酸	十六烷酸	C16:0
油酸	顺 -9- 十八碳一烯酸	C18:1 Δ^{9c}
反油酸	反 -9- 十八碳一烯酸	C18:1 Δ^{9t}
亚油酸	全顺式 -9,12- 十八碳二烯酸	C18:2 $\Delta^{9c,12c}$
α - 亚麻酸	全顺式 -9,12,15- 十八碳三烯酸	C18:3 $\Delta^{9c,12c,15c}$
γ - 亚麻酸	全顺式 -6,9,12- 十八碳三烯酸	C18:3 $\Delta^{6c,9c,12c}$
花生四烯酸	全顺式 -5,8,11,14- 二十碳四烯酸	C20:4 $\Delta^{5c,8c,11c,14c}$
α - 桐油酸	顺，反，反 -9,11,13- 十八碳三烯酸	C18:3 $\Delta^{9c,11t,13t}$

EPA　　　　全顺式 -5,8,11,14,17- 二十碳五烯酸 C20:5 $\Delta^{5c,8c,11c,14c,17c}$

DHA　　　　全顺式 -4,7,10,13,16,19- 二十二碳

六烯酸　　　　　　　　　　　　　　C22:6 $\Delta^{4c,7c,10c,13c,16c,19c}$

注：简写中 c（顺）有时可以省略，t（反）必须注明。

另外，脂肪酸的化学结构也可以用下列方式表示：碳原子数目、双键数目及第一个双键位置。DHA 表示为 C22:6 ω -3，即含有 22 个碳原子及 6 个双键，属于 ω -3 多不饱和脂肪酸。

（六）饱和脂肪酸

不含双键的脂肪酸称为饱和脂肪酸，直链饱和脂肪酸的通式是 $C_nH_{2n+1}COOH$。一般较常见的有辛酸（C8:0）、癸酸（C10:0）、月桂酸（C12:0）、肉豆蔻酸（C14:0）、软脂酸（C16:0）、硬脂酸（C18:0）、花生酸（C20:0）等。此类脂肪酸多存在于牛、羊、猪等动物的脂肪中，有少数植物油如椰子油、可可油、棕榈油、棉籽油等中也多含此类脂肪酸。一般脂肪酸分子的构造式用缩写式和键线式表达。

饱和脂肪酸由于没有不饱和键，所以比不饱和脂肪酸稳定，不容易发生脂质过氧化反应。饱和脂肪酸能够为人体提供能量，也是细胞膜的组成成分，也可在特定酶的作用下转化成必需脂肪酸以外的不饱和脂肪酸。饱和脂肪酸当数量超过需要时，也可在脂肪、肌肉、肝脏等部位储存起来，作为机体储备能量的来源。

一方面，膳食中饱和脂肪酸可能会提高血清低密度脂蛋白胆固醇水平，从而导致动脉血管内壁胆固醇的沉积，致使人体易患各种心血管疾病；而另一方面，某些饱和脂肪酸对人体具有潜在的生理作用，缺少了这类脂肪酸，机体就无法完成正常的生理功能。这两方面似乎是矛盾的，这就需要对几种常见的饱和脂肪酸的分类、来源及摄入量进行深入而全面的了解和权衡。

1. 短链饱和脂肪酸

短链饱和脂肪酸对人体健康有许多益处，如丁酸是结肠上皮细胞能

量供应的重要来源，可以促进结肠黏膜增生，调节免疫应答和炎症反应，还可参与基因调控，具有防治癌症、抑制肿瘤生长、促进细胞分化和凋亡的作用。另外己酸和中链饱和脂肪酸辛酸、癸酸在体内起着中性作用，它们会增加胆固醇的浓度，但同时也能调节低密度脂蛋白胆固醇的代谢，由于这3种饱和脂肪酸在食物中和身体内含量特别少，所以一般情况下它们在体内易引起冠心病及高胆固醇血症的副作用可以忽略不计，另外这3种饱和脂肪酸还具有抗病毒的生物活性，癸酸与甘油三酯生成的癸酸单酰甘油酯还具有抗艾滋病毒的功能。

2. 中链饱和脂肪酸

中链饱和脂肪酸是由 8～10 个碳原子组成的饱和脂肪酸，易消化吸收、可迅速分解转化为能量且不造成脂肪的积累，如辛酸（俗名羊脂酸）和癸酸（俗名羊蜡酸），牛奶中二者的含量分别约为总脂的 0.3% 及 1.2%。羊奶中辛酸含量较多，约含 2.7%。中链饱和脂肪酸一般以中链饱和脂肪酸甘油三酯的形式广泛存在于乳脂、棕榈油、椰子油和菜籽油等物质中。中链饱和脂肪酸甘油三酯作为一种能量来源，在治疗脂肪代谢疾病和糖尿病等方面具有一定的作用效果。中链饱和脂肪酸对各种微生物如细菌、酵母、真菌及包被的病毒等有不利的作用，机理可能在于这些饱和脂肪酸可以破坏生物体的脂膜，使这类微生物失去活性。中链饱和脂肪酸含量在货架期内非常稳定，因此能保证中链饱和脂肪酸被人体摄入，而不会在存储和应用过程中损失。中链饱和脂肪酸在日常食品中以三酰甘油的形式存在，即中链饱和脂肪酸甘油三酯。中链饱和脂肪酸甘油三酯能减轻高甘油三酯血症患者的体重、体脂肪量，降低甘油三酯、低密度脂蛋白胆固醇、载脂蛋白 B、载脂蛋白 C Ⅱ、载脂蛋白 C Ⅲ 的水平，缓解胰岛素抵抗和早期的代谢紊乱，改善胰岛素敏感性。对于乳糜泻、脂肪痢、慢性胰腺功能不全、胆管阻塞和其他相关病症患者，中链饱和脂肪酸甘油三酯可作为有效的营养辅助剂。

中链饱和脂肪酸甘油三酯是由 1 分子甘油和 3 分子中链饱和脂肪酸构成。在常温下呈液态、无色透明、无味、黏度低，与各种有机溶剂、油脂等相溶性好。因中链饱和脂肪酸甘油三酯具有低烟点及容易起泡的特性，不适用于烹调。中链饱和脂肪酸甘油三酯与日常饮食摄入的长链饱和脂肪酸甘油三酯相比，更容易消化吸收。中链饱和脂肪酸甘油三酯在舌脂酶、胃脂酶的作用下完全水解为游离中链饱和脂肪酸和甘油，被肠道细胞迅速吸收。吸收后的中链饱和脂肪酸直接经门静脉到肝脏。中链饱和脂肪酸在肝脏线粒体中被迅速氧化分解，不贮存于脂肪组织中，进入线粒体膜不需要线粒体 β - 氧化的限速酶肉碱棕榈酰基转移酶。

3. 中长链饱和脂肪酸食用油

为了拓展中链饱和脂肪酸在食用油中的应用，可以通过酶法酯交换或化学酯交换反应技术制备中长链饱和脂肪酸食用油。根据《中华人民共和国食品安全法》和《新资源食品管理办法》有关规定，中华人民共和国卫生部发布2012年第16号公告批准中长链脂肪酸食用油可作为新资源食品。中长链饱和脂肪酸食用油是将长链饱和脂肪酸和中链饱和脂肪酸结合在一起的食用油，既具有减少身体脂肪积累和保持健康体重的保健功能，又是适合烹饪的健康油脂。这是由于中长链饱和脂肪酸在体内迅速代谢、分解，为身体提供能量，不进入血液循环，不造成血脂升高和体内脂肪积累。中长链饱和脂肪酸食用油（无抗氧化剂）是由菜籽油和中链饱和脂肪酸甘油三酯酶法催化合成。中长链饱和脂肪酸食用油在不同储存与使用条件下的稳定性与菜籽油相似。酸价、过氧化值、茴香胺值等指标变化与菜籽油无显著差异；冷冻性能与菜籽油相似，在常温及低温下均可保持澄清透明。总之，中长链饱和脂肪酸食用油在储存使用等过程中具有良好的稳定性，适合家庭烹饪使用。其在室温、（63±2）℃、180℃下的稳定性与菜籽油相比无明显差异，可作为普通食用油使用。另外，中长链饱和脂肪酸食用油的冷冻性能较高，在较低的温度下仍能保持澄清透明的外观，可较好地满足居民的消费习惯。

4. 长链饱和脂肪酸

在长链饱和脂肪酸中，硬脂酸和软脂酸是最常见的长链饱和脂肪酸，适当增加膳食中硬脂酸的含量并不会增加血浆中胆固醇的浓度，反而通过降低肠道对胆固醇的吸收，可降低血清和肝脏中胆固醇的含量，而且膳食中硬脂酸和 ω-3 多不饱和脂肪酸一样，二者的水平均与心肌梗死的发病率呈反比，这可能与心肌梗死的发病机理有关。硬脂酸可部分降低胆固醇在血液的溶解，同时可能会对胆酸的生成进行调节，使心血管疾病的风险减弱。膳食中饱和脂肪酸多存在于动物脂肪及乳脂中，这些食物也富含胆固醇，故进食较多的饱和脂肪酸也必然进食较多的胆固醇，饱和脂肪酸摄入量过高是导致血胆固醇、甘油三酯、低密度脂蛋白胆固醇水平升高的主要原因，继发引起动脉管腔狭窄，形成动脉粥样硬化，增加患冠心病的风险。摄入过多的饱和脂肪酸，还会使肝脏的 3-羟基-3-甲基戊二酰辅酶 A 还原酶的活性增强，使胆固醇合成增加，这些都易导致血小板凝集，形成栓塞，诱发心血管疾病。

使胆固醇含量上升的饱和脂肪酸主要是肉豆蔻酸和月桂酸，这两种长链饱和脂肪酸含量与血清中胆固醇含量呈正相关。降低月桂酸和肉豆蔻酸的含量，特别是降低肉豆蔻酸的含量具有重要的生理意义。用软脂酸及单不饱和脂肪酸如油酸代替膳食中的月桂酸和肉豆蔻酸可能对治疗血栓有益。但进一步研究却发现，肉豆蔻酸和月桂酸对人体也有好的一面。肉豆蔻酸可以同时提高低密度脂蛋白胆固醇和高密度脂蛋白胆固醇的含量，虽然其中低密度脂蛋白胆固醇升高的幅度更大，可导致胆固醇升高，是造成冠心病的重要因素，但高密度脂蛋白胆固醇却具有预防动脉粥样硬化的效果。而月桂酸虽然可以增加血清中胆固醇含量，但还可以破坏病毒被膜，通过对病毒的装配和成熟的干扰来影响病毒的增殖，在体内具有抗病毒能力，如果在奶中加入月桂酸，同样可以产生对微生物的灭活作用。月桂酸还可以起到对牙齿防龋和抗蚀斑的效果。因此，在饮食中一味杜绝饱和脂肪酸的摄入并不是健康的做法。十八碳以上的长链饱和脂肪酸，如花生酸、山嵛酸等在动物体内几乎不存在，动物体对这类脂肪酸很难利用。

5. 适量摄入饱和脂肪酸对人体是有益的

饱和脂肪酸在身体内有它应有的作用，对于饱和脂肪酸的作用要辩证地来分析。虽然低密度脂蛋白胆固醇与心脏疾病存在着相关性，但目前我们还不很清楚血液中总胆固醇和低密度脂蛋白胆固醇与冠心病的发病存在什么样的相关性，因此就不能简单地认为饱和脂肪酸的摄入与心脏疾病也存在同样程度的相关性。一方面，饱和脂肪酸会通过影响脂蛋白的含量，进而影响血浆脂蛋白携带胆固醇的能力；另一方面，饱和脂肪酸是心脏优先动用的脂肪酸，在心脏搏动时，脂肪酸作为能量供体，因而心脏的运动就起着平衡血浆中游离脂肪酸浓度的作用。因此，只有全面、科学、系统地了解这些规律，才能为各年龄段、各种生理状态的人群提供适当的膳食建议，只片面强调降低饱和脂肪酸的摄入是不科学的。例如，对于低密度脂蛋白胆固醇和高密度脂蛋白胆固醇水平都很低的人群，就不建议他们食用饱和脂肪酸含量很低的食物。对于我国居民来讲，一方面东南沿海居民鱼类摄入量丰富，加之传统的以蔬菜为主的消费习惯，奶类和肉类消费量很低，就更没有必要刻意限制饱和脂肪酸的摄食；另一方面，北方内陆居民常年蔬菜摄入量很少，牛羊肉摄食很多，因而北方居民需要注意膳食中脂肪酸的平衡，多摄入不饱和脂肪酸。深入研究发现，不同的饱和脂肪酸对冠心病发生率有不同的影响，生理效应也是有很大差别的。另外也发现了饱和脂肪酸对人体健康还有潜在的有益功能。膳食中脂肪酸组成的均衡性比单独补充某种或限制某种脂肪酸更为重要，也更具有生理学意义。

（七）单不饱和脂肪酸

1. 常见的单不饱和脂肪酸

单不饱和脂肪酸种类很多、来源丰富。油酸是最普遍的单不饱和脂肪酸，几乎存在于所有的植物油和动物脂肪中，其中以红花籽油、橄榄油、棕榈油、低芥酸菜籽油、花生油、山茶油、杏仁油和鱼油中含量较高。天然油酸一般均为顺式油酸，油酸（C18:1Δ^{9c}）的结构如下：

$$18 \quad 16 \quad 14 \quad 12 \quad 10 \quad 9 \quad 7 \quad 5 \quad 3 \quad 1\text{-COOH} \quad 4 \quad 2$$

豆蔻油酸（$C14:1\Delta^{9c}$）主要存在于黄油、羊脂和鱼油中，但含量不高。豆蔻油酸的结构如下：

$$14 \quad 12 \quad 10 \quad 9 \quad 7 \quad 5 \quad 3 \quad 1\text{-COOH} \quad 4 \quad 2$$

棕榈油酸（$C16:1\Delta^{9c}$）在许多鱼油中的含量都较多，如鲱鱼油中含量高达 15%，棕榈油、棉籽油、黄油和猪油中也有少量。棕榈油酸的结构如下：

$$16 \quad 14 \quad 12 \quad 10 \quad 9 \quad 7 \quad 5 \quad 3 \quad 1\text{-COOH} \quad 4 \quad 2$$

芥酸（$C22:1\Delta^{13c}$）在许多十字花科植物里如芥菜和芥子中存在。未提纯的菜籽油中都含有芥酸，芥酸的结构如下：

$$22 \quad 20 \quad 18 \quad 16 \quad 14 \quad 13 \quad 11 \quad 9 \quad 7 \quad 5 \quad 3 \quad 1\text{-COOH}$$

鲸蜡烯酸（$C22:1\Delta^{9c}$）是芥酸的一种异构体，存在于鱼油中，对健康无害。鲸蜡烯酸的结构如下：

$$22 \quad 20 \quad 18 \quad 16 \quad 14 \quad 12 \quad 10 \quad 9 \quad 7 \quad 5 \quad 3 \quad 1\text{-COOH} \quad 4 \quad 2$$

2. 单不饱和脂肪酸的健康功效

单不饱和脂肪酸具有众多有益于人体健康的功效，如可降低机体甘油三酯和胆固醇的水平，降低低密度脂蛋白水平，从而提高高密度脂蛋白比例，可以预防动脉粥样硬化。高水平单不饱和脂肪酸通过降低胆固醇氧化敏感性来降低低密度脂蛋白水平，降低血液黏稠度，减少凝集而有效地保护血管内皮，在一定程度上防止心血管疾病的发生。单不饱和脂肪酸还具有调节血脂、防止记忆力下降等众多有益于人体健康的功效，并且还可与 ω-3 多不饱和脂肪酸发生协同作用而加强其功效。另外，单不饱和脂肪酸对血糖控制也具有一定影响，具有高含量的单不饱和脂肪酸和低碳水化合物的膳食可以改善某些糖尿病患者的血糖，能有效改善患者糖脂代谢紊乱状态。单不饱和脂肪酸在糖代谢异常患者的血糖控制中，可能还会起到有效降低糖化血红蛋白的作用，因此2型糖尿病患者在膳食中应重视单不饱和脂肪酸的摄入。

富含单不饱和脂肪酸的饮食被称为地中海饮食，与许多疾病的预防有关。食用油中的单不饱和脂肪酸以橄榄油最为丰富，其次有米糠油、玉米胚芽油、葵花籽油等，但这些油中多不饱和脂肪酸含量并不理想。目前，普遍认为顺式单不饱和脂肪酸对胆固醇水平有明显降低的作用，在降低胆固醇水平方面的能力与多不饱和脂肪酸相同。油酸是单不饱和脂肪酸的代表，其氧化稳定性比亚油酸高10倍多，多项流行病学研究表明，较高含量的油酸可在一定程度上降低人体血液中总胆固醇和低密度脂蛋白胆固醇含量，同时维持高密度脂蛋白胆固醇的含量，有利于降低血脂水平，从而有效减少和预防心血管疾病，在降低心血管疾病发生风险方面具有较高的开发潜力。2018年，美国食品药品监督管理局（FDA）发布的食品健康指南规定：允许油酸含量＞70%的食用油在产品标签上标注"每天摄入20 g可降低心血管疾病发生风险"的字样。因此，食用富含单不饱和脂肪酸的橄榄油，适当增加单不饱和脂肪酸的摄入，能有效减少高胆固醇血症及心血管疾病的发生，有保护心脏的作用。流行病学调查发现，经常食用山茶油、橄榄油的人患冠心病的概率较低，因为山茶油、橄榄油中单不饱和脂肪酸的含量较高，能保护心血管系统，具有降低血压的功效。一项研究指出，将人体能量来源总量的17%由碳水化合物替换为单不饱和脂肪酸，在减少碳水化合物摄入的基础上增加单不饱和脂肪酸摄入能够调节脂蛋白代谢，对人体具有潜在的有益性。另一项研究应用脂类组学分析指出，单不饱和脂肪酸具有潜在的影响脂蛋白代谢及合成的作用。将软脂酸替换为油酸可以降低总胆固醇水平、低密度脂蛋白胆固醇水平及低密度脂蛋白与高密度脂蛋白比例，降低脂肪酸氧化速率。

总之，单不饱和脂肪酸具有降血糖、降胆固醇、调节血脂、防止记忆力下降等众多有益于人体健康的功效，并且还可与 ω-3 系列的多不饱和脂肪酸 EPA 和 DHA 发生协同作用从而加强其功效。不过，也有某些专家持有新的观点，他们认为单不饱和脂肪对健康也有损害作用。一份在猴子身上进行的研究报告指出，具有较高含量的单不饱和脂肪酸的膳食与含有饱和脂肪酸的膳食一样，会增加静脉壁上斑块的形成概率。

（八）多不饱和脂肪酸

多不饱和脂肪酸又叫多烯脂肪酸、多烯酸，是指含有 2 个或 2 个以上双键、且碳氢链含 18～22 个碳原子的直链脂肪酸。多不饱和脂肪酸 2 个相邻的双键之间隔着 2 个单键，且不共轭（共轭双键体系是双键和单键交替的分子结构体系），局部为 1,4- 戊二烯结构，熔点更低。在多不饱和脂肪酸分子中，距甲基末端最近的双键在第 3,4 位碳原子上的，称为 ω-3 多不饱和脂肪酸；距甲基末端最近的双键在第 6,7 位碳原子上的，称为 ω-6 多不饱和脂肪酸。

1. 多不饱和脂肪酸对人体十分重要

多不饱和脂肪酸可以保持细胞膜的相对流动性，以保证细胞的正常生理功能，使胆固醇酯化，降低血液中胆固醇和甘油三酯含量，降低血液黏稠度，改善血液微循环，提高脑细胞的活性，增强记忆力，提升思维能力。如 ω-3 多不饱和脂肪酸同维生素、矿物质一样是人体的必需营养素，不足则容易导致心脏和大脑等重要器官障碍。若缺乏多不饱和脂肪酸会引起动物生长停滞，生殖衰退，肝、肾功能紊乱及心血管疾病。

2. ω-3 和 ω-6 多不饱和脂肪酸是人体必需脂肪酸

必需脂肪酸是指机体生命活动必不可少，但机体自身又不能合成，必须由食物供给的脂肪酸。必需脂肪酸主要包括两类，一类是 ω-3 多不饱和脂肪酸，母体化合物是 α- 亚麻酸；一类是 ω-6 多不饱和脂肪酸，母体化合物是亚油酸。由于体内缺乏合成 ω-3 和 ω-6 多不饱和脂肪酸所必需的脂肪酸脱氢酶，不能在脂肪酸合成过程中按 Δ 编码体系从脂肪酸羧基碳开始数的第 9,10 位碳及以上的碳碳键中引入双键（即不能形成

按 Δ 编码体系大于 9,10 位及以上的双键）。如果能保证这两种多不饱和脂肪酸的母体化合物 α - 亚麻酸和亚油酸的摄入，就可以在人体内合成出其他的 ω-3 和 ω-6 多不饱和脂肪酸，对人体正常机能和健康具有重要保护作用。多不饱和脂肪酸膳食更有利于维持体重、甘油三酯、总胆固醇、低密度脂蛋白胆固醇和高密度脂蛋白胆固醇等的正常水平，有利于预防肥胖和心血管疾病。饮食摄入的多不饱和脂肪酸能够促进胰岛素发挥作用，对脑皮层的活动及睡眠产生有利的影响。

（九）ω–6 多不饱和脂肪酸

ω-6 多不饱和脂肪酸是按 ω 编码体系编号，第一个双键出现在从碳氢链甲基末端数的第 6,7 位碳上。ω-6 多不饱和脂肪酸包括亚油酸、γ - 亚麻酸、十八碳四烯酸、双同型 γ - 亚麻酸和花生四烯酸等。亚油酸作为 ω-6 多不饱和脂肪酸的母体化合物，可以在人体内衍生出 γ - 亚麻酸、双同型 γ - 亚麻酸和花生四烯酸等。双同型 γ - 亚麻酸是对身体有益的前列腺素 E_1 的前体物质，前列腺素 E_1 有利于血小板凝结，减少炎症反应，降低血压，促进微循环。而花生四烯酸多了会生成过多的前列腺素 E_2 的前体物质，前列腺素 E_2 容易诱发炎症反应，升高血压，诱发水肿，多了对身体有害。ω-6 多不饱和脂肪酸是前列腺素、前列环素和白三烯等具有强烈生物活性的调节物的前体，适量的 ω-6 多不饱和脂肪酸对人体是必需且有利的，但过多则会因引起长时期炎症带来许多疾病。ω-6 和 ω-3 多不饱和脂肪酸都能降低血液中的胆固醇和低密度脂蛋白胆固醇的含量，但 ω-6 多不饱和脂肪酸还会降低血液中高密度脂蛋白胆固醇的含量，大量食用高亚油酸含量的油脂如葵花籽油、玉米胚芽油、小麦胚芽油会造成 ω-6 多不饱和脂肪酸的过剩和 ω-3 多不饱和脂肪酸的不足。

ω-6 多不饱和脂肪酸适量存在对人体至关重要。花生四烯酸所产生的前列腺素 E_2，是人体许多生命功能所必需的激素类化学物质；胆固醇必须与亚油酸相结合，才能正常运转和代谢。ω-6 多不饱和脂肪酸的作用还表现在协调激素水平，帮助舒缓经前不适；有益于皮脂腺的新陈代谢，舒缓皮肤过敏及湿疹症，预防皮肤干燥及缺水，保持皮肤健康；可帮助提升好的胆固醇水平，降低坏的胆固醇水平。动物（家兔）实验表明，亚油酸和 γ-亚麻酸可以通过甘油三酯、胆固醇由血液到肝脏的转移来降低血脂水平，但会导致脂肪肝的形成。ω-6多不饱和脂肪酸在体内可借助 Δ^6-脂肪酸脱氢酶，转化成对人体有益的 γ-亚麻酸。若人体缺乏 Δ^6-脂肪酸脱氢酶，就不能将 ω-6多不饱和脂肪酸完全转化成有益的 γ-亚麻酸。但 ω-6多不饱和脂肪酸过多会对人体有负面作用，如在对待炎症方面，花生四烯酸能促进炎症的发生，引起身体的"上火"；ω-6多不饱和脂肪酸还能加速癌细胞的生长。ω-6多不饱和脂肪酸过多的负面作用必须由 ω-3多不饱和脂肪酸来抑制。

ω-6多不饱和脂肪酸的食物来源非常丰富，如在玉米油、大豆油等植物油中，以及猪肉、牛肉、羊肉等中，ω-6多不饱和脂肪酸的含量都不少。因此目前在一般情况下，膳食中很少会缺乏 ω-6多不饱和脂肪酸，一般人并不容易缺乏 ω-6多不饱和脂肪酸。但 ω-6多不饱和脂肪酸作为必需脂肪酸，如果缺乏也会影响人的寿命。缺乏 ω-6多不饱和脂肪酸而导致外伤难于愈合，造成死亡率升高的典型例子就发生在因纽特人中。因纽特人由于食物太极端化了，不仅蔬菜、维生素的摄入量少，脂肪酸的摄入量也极端不平衡，亚油酸等 ω-6多不饱和脂肪酸的摄入量太低，由 ω-6多不饱和脂肪酸产生的有凝血作用的血栓素也太少，使血小板凝聚受抑制，凝血时间长，伤口难愈合，使得因纽特人由外伤造成的死亡率升高，成为他们死亡的主要原因之一。由于从花生四烯酸衍化生成的前列腺素和白三烯有重要的生理功能，能通过炎症反应起到免疫防御作用，而缺少 ω-6多不饱和脂肪酸的因纽特人就存在免疫防御功能差的情况，从而影响他们的寿命，平均年龄男性只有57.4岁，女性为65.1岁。

1. 亚油酸

亚油酸学名为全顺式 -9,12- 十八碳二烯酸，是 ω-6 多不饱和脂肪酸的母体化合物，也是合成一类具有生物活性的类二十碳烷化合物的前体。亚油酸的结构如下：

缩写式：

$$CH_3—(CH_2)_4—CH{=}CH—CH_2—CH{=}CH—CH_2—(CH_2)_6—COOH$$

键线式：

油酸在植物体内的 Δ^{12}- 脂肪酸脱氢酶的催化下形成亚油酸，再经 Δ^6- 脂肪酸脱氢酶催化生成 γ- 亚麻酸，但由于人体缺乏 Δ^{12}- 脂肪酸脱氢酶而不能在人体中完成这种转换。在人体中，γ- 亚麻酸在碳链延长酶和脂肪酸脱氢酶的催化下经过碳链延长和脱氢去饱和，可进一步转化成花生四烯酸等 ω-6 多不饱和脂肪酸。Δ^6- 脂肪酸脱氢酶是合成 ω-6 多不饱和脂肪酸的限速酶。当人体中的 Δ^6- 和 Δ^5- 脂肪酸脱氢酶受到抑制，会妨碍体内亚油酸向 γ- 亚麻酸、双同型 γ- 亚麻酸和花生四烯酸转化，导致前列腺素缺乏，会引起多种疾病。亚油酸在我们日常食用的植物油中普遍存在，一般植物油中含量为 40% 左右，如在红花籽油、葵花籽油、棉籽油、大豆油、玉米油、芝麻油中的含量为 40%～50%，也有含量高达 70%～85% 的。动物脂肪及含油酸较多的植物油，如橄榄油、棕榈油中亚油酸的含量仅为 10% 左右。花生油、菜籽油及核桃仁、松子仁、杏仁、桃仁等中也含有较多的亚油酸。因此，膳食中一般有足够的亚油酸。

亚油酸等不饱和脂肪酸和维生素 E 等营养成分能很好地被机体吸收，具有一定的软化血管、延缓衰老的功效。亚油酸能明显降低血清胆固醇水平，亚油酸缺乏会导致皮肤病变。胆固醇必须与亚油酸结合才可在人体内进行正常运转和代谢，因而亚油酸具有预防动脉粥样硬化的功效。适当摄入亚油酸有利于冠心病的防治，但过量摄入会适得其反，加剧症状，恶化病情，医生把这种现象称为"亚油酸过食症"。

2. γ - 亚麻酸

γ - 亚麻酸学名为全顺式 -6,9,12- 十八碳三烯酸，γ - 亚麻酸对多种革兰氏阴性的、阳性菌有抑制作用。γ - 亚麻酸的生物来源主要有植物和微生物，在动物和人体内，γ - 亚麻酸合成的磷脂可增强细胞膜上磷脂的流动性，增强细胞膜受体对胰岛素的敏感性。然而含量较高的 γ - 亚麻酸资源在自然界和人类食物中不太常见，因其含量低很难成为有经济价值的可利用资源，如燕麦和大麦中的脂质含有 0.25% ～ 1.0% 的 γ - 亚麻酸，乳脂中含 0.1% ～ 0.35%。目前国内外生产的 γ - 亚麻酸主要来源于月见草，此植物原产于北美，我国东北地区也有野生，近年来国内已进行大面积的人工栽培。γ - 亚麻酸是组成人体各组织生物膜的结构物质，作为人体内必需的不饱和脂肪酸，成年人每日需求量约为每千克体重 36 mg。如摄入量不足，可导致体内机能的紊乱，引起某些疾病，如糖尿病、高血脂等。γ - 亚麻酸的结构如下：

$$\underset{18}{\overset{1}{|}} \quad \underset{16}{\overset{4}{|}} \quad \underset{14}{\overset{6}{|}} \quad \overset{12}{=} \quad \overset{10}{=} \quad \overset{9}{} \quad \overset{7}{} \quad \overset{6}{=} \quad \underset{3}{\overset{4}{}} \quad \underset{1}{\overset{2}{}} COOH$$

在人体内 γ - 亚麻酸可在 Δ^6 - 脂肪酸脱氢酶作用下由亚油酸生成，并可进一步在碳链延长酶的作用下衍生成双同型 γ - 亚麻酸，再在 Δ^5 - 脂肪酸脱氢酶的作用下生成花生四烯酸。γ - 亚麻酸可抑制血栓素 A_2 合成酶的活性，明显抑制体内血栓素 A_2 的合成和血小板的聚集，血栓素 A_2 是最强烈的内源性血小板聚集剂和血管收缩剂；γ - 亚麻酸还是合成前列腺素 E_1 的前体，而前列腺素 E_1 是最强烈的血管扩张剂，抑制血小板的聚集。一旦两者失去平衡，血栓素 A_2 的合成增多，前列腺素 E_1 的生成减少，则血小板的聚集作用便增强。γ - 亚麻酸衍生成双同型 γ - 亚麻酸可减少能生成血栓素 A_2 的花生四烯酸，调整血栓素 A_2 和前列腺素 E_1 的比例，以改善心脑血管状况。

1919 年，药理学博士海达彻卡从月见草中发现了一种可抗衰老的不饱和脂肪酸，并发现它对人体具有不可替代的功能。除了从植物中提取，目前人们还研究其他方法制备 γ - 亚麻酸，如利用微生物发酵方法大量生产。γ-亚麻酸已在保健食品行业广泛应用。

3. 双同型 γ-亚麻酸

双同型 γ-亚麻酸是一种含20个碳的 ω-6多不饱和脂肪酸，结构如下：

双同型 γ-亚麻酸是对身体有益的前列腺素 E_1 的前体物质，前列腺素 E_1 缺乏会引起多种疾病。γ-亚麻酸很容易转化为双同型 γ-亚麻酸，增加巨噬细胞内前列腺素 E_1 含量。双同型 γ-亚麻酸衍生的前列腺素 E_1 具有降低血液黏度、控制血脂、促进代谢、燃烧脂肪、改善胰岛功能、控制食欲、增强免疫等功效。双同型 γ-亚麻酸生物合成受阻，则前列腺素 E_1 的合成亦受到抑制，而前列腺素 E_1 是血压调节物质，具有抑制血管紧张素合成及其他物质转化为血管紧张素的作用，可直接降低血管壁张力，有明显的降压作用；前列腺素 E_1 还可增强腺苷酸环化酶的活性，促进胰岛 β 细胞分泌胰岛素，减轻糖尿病病情，但不能阻止糖尿病的发生。γ-亚麻酸的抗炎效果可能是通过在嗜中性粒细胞等炎症相关细胞中升高双同型 γ-亚麻酸含量并减弱花生四烯酸的生物合成，降低免疫球蛋白 E 的水平来调节。

4. 花生四烯酸

学名为全顺式 -5,8,11,14- 二十碳四烯酸，是一种含20个碳的 ω-6 多不饱和脂肪酸，是与花生油中饱和的花生酸相对应的多不饱和脂肪酸，结构如下：

陆生动物细胞中含量最多的 ω-6 多不饱和脂肪酸就是花生四烯酸，是由陆生植物中的亚油酸衍生而来的。花生四烯酸是人体大脑和视神经发育的重要物质，对提高智力和增强视敏度具有重要作用。花生四烯酸具有酯化胆固醇、增加血管弹性、降低血液黏度，调节血细胞功能等一系列生物活性。高纯度的花生四烯酸是体内合成前列腺素和前列环素、血栓素和白三烯等二十碳衍生物的直接前体，这些生物活性物质对人体心血管系统及免疫系统具有十分重要的作用。花生四烯酸是半必需脂肪酸，在人体内只能少量合成。它在人体内可保护肝细胞、促进消化功能、促进胎儿和婴儿正常发育。适量摄入花生四烯酸对预防心血管疾病、糖尿病和肿瘤等具有重要功效，还具有降低血压的作用，可抑制血液凝固，改善过敏症状；但是摄入过量会引起血压的升高，促进血液凝固，会引发过敏。

花生四烯酸广泛分布于动物的中性脂肪中，牛乳脂、猪脂肪、牛脂肪、血液磷脂、肝素和脑磷脂中含量较少（约为 1%），肾上腺磷脂混合脂肪酸中花生四烯酸的含量高达 15%，在油料种子中的分布也比较广泛，是花生油中的一种主要成分，蛋黄和深海鱼类、海草等海产品中也存在。花生四烯酸主要来源于十字花科植物和香蒲科植物的种子，微量存在于苔藓、海藻及蕨类种子中。

5. ω-6 多不饱和脂肪酸的类花生酸

类花生酸包含前列腺素和白三烯两大类，它们是由含 20 个碳的多不饱和脂肪酸（至少含 3 个双键）衍生而来，人体中类花生酸是由 ω-6 和 ω-3 多不饱和脂肪酸合成的，是体内的局部激素，效能一般只局限在合成部位的附近，半衰期很短。合成前体主要是花生四烯酸和 EPA。

ω-6 多不饱和脂肪酸的类花生酸是由花生四烯酸代谢产生的，产生有可能引起炎症的 4 系列白三烯，促进血小板聚集、血管收缩和易引起血压升高的 2 系列前列腺素，以及可促进血小板聚集、平滑肌收缩的血栓素 A_2 等。花生四烯酸在环氧合酶参与下先形成不稳定的环内过氧化物（前列腺素 G_2 和前列腺素 H_2），然后进一步形成前列腺素 E_2、前列环素 I_2 及血栓素 A_2。花生四烯酸在脂氧化酶参与下可以生成羟基二十碳四烯酸、4 系列白三烯及脂氧素。环氧合酶和脂氧化酶都是双氧化酶，还有一类酶是单氧化酶，如细胞色素 P450 单氧化酶，也叫环氧化酶，它氧化花生四烯酸生成多种环氧化物，如环氧二十碳三烯酸，有保护心血管的重要作用。

EPA 的代谢与花生四烯酸类似，也需要同样的环氧合酶和脂氧化酶参与，产生代谢产物的活性不同，EPA 产生的生物活性物质是活性较弱的 5 系列白三烯、3 系列前列腺素（PGD_3、PGE_3、PGF_3、PGI_3）及血栓素 A_3。前列腺素 E_3 具有抗炎特性，前列腺素 I_3 可介导血管舒张，血栓素 A_3 则抑制血小板聚集，5 系列白三烯活性较弱。EPA 通过细胞色素 P450 单氧化酶途径氧化产生的环氧二十碳四烯酸等与环氧二十碳三烯酸相似，但却具有更加强大的保护心血管作用。

（十）ω-3 多不饱和脂肪酸

ω-3 多不饱和脂肪酸主要包括：十八碳三烯酸（α-亚麻酸）、EPA、二十二碳五烯酸（DPA）和 DHA。ω-3 多不饱和脂肪酸存于某些植物油、海洋动物和海藻等中。由于海洋藻类、浮游生物与微生物富含 ω-3 多不饱和脂肪酸，那些以藻类和浮游生物为食的深海鱼类及食用这些鱼的海兽（如海豹、海狗等）的体内也都富含 EPA、DPA 和 DHA。从深海鱼中提取得来的深海鱼油是当前人体直接摄取 DHA 及 EPA 的主要来源之一。陆地动植物中一般不含 EPA 和 DHA，只有哺乳动物的眼、脑、睾丸等中含有少量的 DHA。陆地植物产生的 ω-3 多不饱和脂肪酸产品主要有亚麻油、紫苏油、核桃油等，主要成分是 ω-3 多不饱和脂肪酸的母体化合物 α-亚麻酸，在动物体内可转变成 EPA 和 DHA。

ω-3 多不饱和脂肪酸是必需脂肪酸，食品中 ω-3 多不饱和脂肪酸与其他脂肪酸的最佳比例为 1：5，称为母乳比。当血液中 ω-3 多不饱和脂肪酸水平过低，将有患心血管疾病的风险；如果体内 ω-3 多不饱和脂肪酸含量低于人体所有脂肪酸总量的 4%，患心脏病死亡的风险最高。ω-3 多不饱和脂肪酸在抗炎症、抑过敏、防治心血管疾病、健脑明目、增强人体免疫力等方面都有着不可低估的作用，对某些癌症、肥胖症、糖尿病、阿尔茨海默病也有预防和辅助治疗的效果。

1. α-亚麻酸是 ω-3 多不饱和脂肪酸的母体化合物

α-亚麻酸分子中有 18 个碳、3 个双键。按 Δ 编码体系，在第 15，16 位、第 12，13 位和第 9，10 位有双键。有双键的化合物称为烯，有 3 个双键为三烯，故 α-亚麻酸为十八碳三烯酸。由于这 3 个双键全是顺式，故 α-亚麻酸化学全称为全顺式 -9,12,15-十八碳三烯酸。α-亚麻酸以甘油酯的形式存在于自然界，人体一旦缺乏，即会引导起机体脂质代谢紊乱，导致免疫力降低、健忘、疲劳、视力减退、动脉粥样硬化等的发生。α-亚麻酸的结构如下：

缩写式：

$$CH_3—CH_2—CH=CH—CH_2—CH=CH—CH_2—CH=CH—CH_2—(CH_2)_6—COOH$$

键线式：

α-亚麻酸在体内主要经肠道直接吸收，在肝脏贮存，经血液运送至身体各个部位，可直接成为细胞膜的结构物质。虽然哺乳动物不能从头合成 ω-3 和 ω-6 多不饱和脂肪酸，但哺乳动物细胞可以对每个系列的多不饱和脂肪酸进行衍生。α-亚麻酸是 ω-3 多不饱和脂肪酸的母体化合物，又称前体化合物，从食物中摄入的 α-亚麻酸进入人体后，在脂肪酸脱氢酶和碳链延长酶的不断作用下，依次可转化为 EPA、DPA 和 DHA。在人体内一般情况下，有 8%～20% 的 α-亚麻酸可转化为 EPA，0.5%～9% 的 α-亚麻酸可转化为 DIIA，若体内有较高浓度的 α-亚麻酸将有利于转化。当 α-亚麻酸进入人体后，人体会根据自身的需要进行合理转化，只要 α-亚麻酸的量充足，机体就可以不断补充 DHA。虽然 α-亚麻酸在人体内转化为 EPA 和 DHA 是一条受限制的代谢途径，但加拿大多伦多大学在研究大鼠大脑对 DHA 的需要量与 α-亚麻酸合成 DHA 的量之间的关系时发现，α-亚麻酸合成 DHA 的速率是大脑吸收 DHA 速率的 3 倍，这提示了虽然由 α-亚麻酸合成的 DHA 的量有限，但在体内可足够满足大脑的需要。有研究指出，当人体处于特殊时期时，α-亚麻酸的转化能力还会增强，如当女性处于妊娠期时，α-亚麻酸的转化率升高，这与雌激素的分泌有关，雌激素能提高α-亚麻酸转化为DHA的能力。已有实验表明，当大鼠饲料中缺乏DHA时，α-亚麻酸在肝脏中转化为DHA的速率加快，以维持大脑正常的需要；另外如果饮食中限制ω-6多不饱和脂肪酸的摄入量，还能使α-亚麻酸至DHA的转化率增加25%。摄入的α-亚麻酸的量越多，转化成EPA和DHA的可能性和转化量就越大。转化成EPA和DHA不仅受到膳食脂肪酸或者α-亚麻酸含量的影响，还受到肝脏或者人类细胞中相关基因表达的调控。这些基因主要表达α-亚麻酸转化成EPA和DHA时所必需的碳链延长酶和脂肪酸脱氢酶。含量高的α-亚麻酸有利于这些基因表达上调，使α-亚麻酸向EPA和DHA的转化作用加强，转化量增加；当基因表达下调时，α-亚麻酸向EPA和DHA的转化受到抑制，转化量降低。由于这些原因，α-亚麻酸几乎成为EPA和DHA的代名词，它除了具有本身的功能外，还具有EPA和DHA的功能，也就是说α-亚麻酸比其他ω-3多不饱和脂肪酸所具有的功效更丰富，所起的作用更全面。值得注意的是，α-亚麻酸进入人体后依次转化为EPA和DHA的代谢过程是不可逆的，补充了过量的DHA不会反向生成α-亚麻酸。由于DHA的双键过多，易被氧化，过多服用会带来一些负面影响，如免疫力低下等，所以在一般情况下，补充足够的α-亚麻酸，要比直接补充EPA和DHA更全面、更安全且更科学。

2. "血管清道夫" EPA

EPA学名为全顺式-5,8,11,14,17-二十碳五烯酸。EPA可帮助降低胆固醇和甘油三酯水平，促进体内饱和脂肪酸代谢而降血脂，防止脂肪在血管壁的沉积，预防动脉粥样硬化的形成和发展，俗称"血管清道夫"。EPA可以衍生为前列腺素前体物质PGG_3，进而生成前列腺素H_3和前列腺素I_3。前列腺素I_3可以扩张血管、抑制血小板聚集、改善血液循环；前列腺素H_3还可生成血栓素A_3，其作用与前列腺素I_3基本相同，可以抑制血管收缩和血小板聚集，其作用机制与提升环磷腺苷的浓度有密切关系，因为环磷腺苷可使血小板内环氧化酶的活性下降，从而使由 ω-6 多不饱和脂肪酸生成的、促进血液凝集的重要物质血栓素 A_2 的生成减少，防止血栓形成。EPA 还可以降低血液黏度，增进血液循环，提高组织供氧而消除疲劳，预防脑血栓、脑出血、高血压、过敏性皮炎等疾病。EPA 的结构如下：

3. 具有强降血脂功能的DPA

DPA 学名为全顺式 -7,10,13,16,19- 二十二碳五烯酸，在人乳和海豹油中含量高，是鱼油及其他食品所缺乏的。它可提高人体的免疫力，对糖尿病、类风湿性关节炎、牛皮癣、大小肠炎等有辅助治疗作用。它还具有调节血脂、软化血管、降低血液黏度、改善视力、促进生长发育等作用，其调节血脂的功能比有"血管清道夫"之称的 EPA 还要强很多倍。DPA 的结构如下：

4. "脑黄金"DHA

DHA 学名为全顺式 -4,7,10,13,16,19- 二十二碳六烯酸，俗称"脑黄金""眼白金"，DHA 占据了人的大脑固体干物质总质量的50% 以上，视网膜的30% ～ 60%。人体各组织器官内，只有大脑和视网膜的脂肪占比最高，高于被认为是构成细胞的基本有机物、生命活动的主要承担者蛋白质的含量。DHA 是大脑和视网膜等组织器官中磷脂的主要成分，在大脑皮层和眼的视网膜中很活跃，是大脑营养必不可少的不饱和脂肪酸。DHA 除了能阻止胆固醇在血管壁上的沉积、预防或减轻动脉粥样硬化和冠心病外，更重要的是对大脑细胞有着极其重要的作用，对脑神经传导和突触的生长发育极为有利，是人的大脑发育、成长不可缺少的重要物质之一，有健脑明目的作用。因此，在肝功能损伤的情况下或老年性肝脏功能衰退时，需要从膳食中直接摄入更多的 DHA，以维持大脑和体内 DHA 的水平。DHA 帮助人类进化出智慧的大脑，是人类认知的物质基础，对人的学习和记忆很重要，是大脑形成和智力开发的必需物质，是组成神经细胞膜的重要成分。大脑中约一半 DHA 是在出生前积累的，一半是在出生后积累的，因此在怀孕和哺乳期获取 ω-3 多不饱和脂肪酸很重要。DHA 具有促进婴幼儿智力开发和智商提高，增强学习能力和记忆力，预防和治疗阿尔茨海默病的功能。DHA 的结构如下：

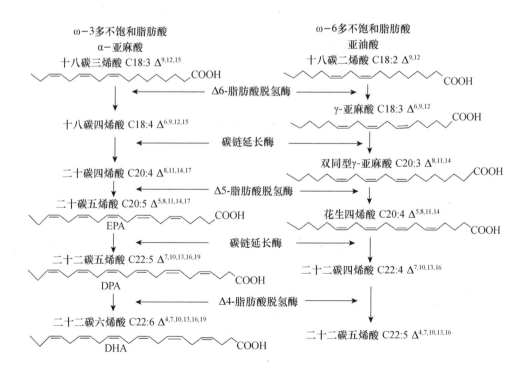

（十一）从 α-亚麻酸代谢成 ω-3 多不饱和脂肪酸和从亚油酸代谢成 ω-6 多不饱和脂肪酸的合成途径

从 α-亚麻酸在体内代谢成 EPA、DPA 和 DHA，以及从亚油酸代谢成 γ-亚麻酸、双同型 γ-亚麻酸和花生四烯酸的合成途径如下所示：

（十二）ω-3多不饱和脂肪酸有多种重要的生理功能

1. ω-3多不饱和脂肪酸是身体组织结构中的一部分

DHA是大脑和视网膜的主要成分，在大脑中负责学习和记忆的海马细胞中占25%。

2. ω-3多不饱和脂肪酸可抑制ω-6多不饱和脂肪酸代谢生成不利于身体的活性物质

ω-3多不饱和脂肪酸在身体内代谢可抑制ω-6多不饱和脂肪酸代谢生成不利于身体的活性物质，而代之生成利于身体的活性物质。细胞膜基质的磷脂成分中包含的ω-3和ω-6多不饱和脂肪酸，需要在相同的酶作用下代谢产生多种不同的活性物质，在这些代谢过程中二者因需要相同的酶而产生竞争。ω-3多不饱和脂肪酸对这些酶的亲和性强于ω-6多不饱和脂肪酸，只要ω-3多不饱和脂肪酸适量存在（为ω-6多不饱和脂肪酸的四分之一到五分之一）就可抑制许多由ω-6多不饱和脂肪酸过量而引起炎症等疾病的活性物质的生成，与此同时，ω-3多不饱和脂肪酸在相同酶的催化下，产生的是对身体有利的活性物质。ω-3多不饱和脂肪酸中的EPA还可控制促使肿瘤生长的活性物质"法奇非洛克因子"的活动，从而抑制癌细胞，对癌症有辅助治疗作用。

3. ω-3多不饱和脂肪酸可以抑制或促进一些酶的活性

生命活动最基本的特征是新陈代谢，新陈代谢中的每一个反应都是在酶催化下完成的。反应进行时需参与反应的底物先与酶结合，在酶的催化下才能转变为产物。酶被称为生物催化剂，没有酶身体就无法进行新陈代谢。ω-3多不饱和脂肪酸的许多生理作用是通过抑制或促进一些酶的活性来发挥作用的。例如，ω-3多不饱和脂肪酸可以抑制甘油三酯合成酶的活性来减少甘油三酯的合成，通过活化使甘油三酯分解代谢的酶和使脂肪酸β-氧化降解的酶，就可以有助于降低甘油三酯水平；ω-3多不饱和脂肪酸可以通过抑制胆固醇合成所需要的酶来抑制胆固醇的合成，通过活化使胆固醇去除和转移的酶，降低胆固醇水平。

4. ω-3 多不饱和脂肪酸可改善细胞膜的流动性

细胞膜的基质是由各种脂肪酸为主要成分的磷脂构成的。ω-3 多不饱和脂肪酸作为膜基质的成员可改善细胞膜的流动性。细胞膜的流动性对于细胞代谢来说，有着非常重要的作用。有足够量的多不饱和脂肪酸，才能使细胞膜的流动性适中，使细胞膜具有很高的灵活性和敏感性，才能维持细胞正常的新陈代谢、维持细胞的生理机能、治疗细胞的病理状况。

5. ω-3 多不饱和脂肪酸可增强人体的免疫功能

ω-3 多不饱和脂肪酸通过对免疫系统的调节，激活人体内的巨噬细胞，增强人体的免疫功能，影响基因的转录和表达，影响细胞信号转导途径，尤其是通过脂类介质、蛋白激酶 C 和 Ca^{2+} 动员第二信使等有关的物质，影响细胞的功能，达到预防和治疗的目的。

虽然 ω-3 多不饱和脂肪酸和 ω-6 多不饱和脂肪酸两者同为必需脂肪酸，但 ω-3 多不饱和脂肪酸的 α-亚麻酸、EPA 和 DHA 具有抗炎症、抑过敏、健脑明目、防治心血管疾病、增强人体免疫力和防癌抗癌的功效，且富含 ω-3 多不饱和脂肪酸的食物来源较少，有必要注意补充。而ω-6 多不饱和脂肪酸适当则有益，多则有害，必须靠 ω-3 多不饱和脂肪酸来抵消。ω-6 多不饱和脂肪酸来源丰富，容易获取，大多数植物油富含亚油酸，如玉米胚芽油、棉籽油、燕麦油、芝麻油、大豆油、葵花籽油等，甚至谷物中也含有 ω-6 多不饱和脂肪酸，需要防止 ω-6 多不饱和脂肪酸摄入过量。

（十三）各种脂肪酸在体内的比例要适当

饱和脂肪酸、单不饱和脂肪酸和多不饱和脂肪酸这三种脂肪酸在人体中要各占一定比例，才能维持身体健康。许多人习惯于把各类脂肪酸一刀切地分为好与坏，这是不准确的。近些年来，随着相关研究不断推进，人们渐渐发现脂肪酸的好与坏不能简单地一概而论。即使同一类脂肪酸对人体健康的影响也存在或大或小的差异，因为其中还涉及摄入量多少等因素的调控。单纯从某一个脂肪酸的性质和作用，很难去界定某种脂肪酸的好与坏。流行病学研究表明，膳食脂肪的摄入与多种慢性非传染性疾病密切相关。脂类代谢紊乱在心血管疾病的产生与发展中，起着相当重要的作用。因此，保持脂肪的合理摄入及脂肪酸平衡是防治慢性非传染性疾病的重要措施之一。

身体是由细胞组成的，细胞要存在就要由细胞膜分割开来，细胞膜的基质是由包含脂肪酸两条尾链的磷脂所组成。细胞膜的流动性取决于饱和脂肪酸、单不饱和脂肪酸和多不饱和脂肪酸的比例。细胞膜的流动性对于细胞代谢非常重要，如物质运输交换、细胞识别、细胞分化、细胞融合与信号转导等都与细胞膜的流动性有密切关系。细胞膜的流动性让细胞柔韧且充满活力，并影响一些激素与酶的分泌，影响膜上受体的活性，直接影响细胞的新陈代谢和细胞的生理病理情况。合适的流动性对细胞膜表现其正常功能具有十分重要的作用，脂肪酸的链长和不饱和度对于细胞膜的流动性有至关重要的作用。磷脂中的脂肪酸链双键越多，越不易排列。双键在碳氢链中产生弯曲，出现一个"结"，加大了分子活动空间，多个双键就是多个"结"，使膜的流动性增加。带有多个双键"结"的多不饱和脂肪酸在细胞膜中按比例存在，对细胞膜的结构和流动性十分重要。体内的饱和脂肪酸、单不饱和脂肪酸和多不饱和脂肪酸必须保持适当的比例，才能保证细胞膜有适宜的流动性和新陈代谢。人们通常把细胞膜形容为动态游离脂肪酸和脂质信号分子的储库，细胞膜脂质的构成和磷脂中脂肪酸的特性可直接影响细胞膜结构和脂质信号转导系统。脂肪酸的链长和不饱和度可直接影响脂质双层的侧向扩散运动和蛋白质在脂质双层结构中的流动性。不饱和脂肪酸的双键结构在细胞膜的流动性和可塑性中扮演着重要角色。因此，适当比例的多种脂肪酸对于维持细胞膜结构稳定和功能具有重要作用。

食用油作为膳食脂肪酸的主要来源，关系到体内脂肪酸的平衡，与身体健康息息相关。只有保证脂肪酸摄入平衡，才能很好地改善健康状况。一般认为，饱和脂肪酸分子相对稳定，但会增加患心血管疾病的风险。用单不饱和脂肪酸替代碳水化合物可以起到升高好胆固醇作用，但是对于健康个体，单不饱和脂肪酸一般不会影响胆固醇水平。多不饱和脂肪酸可以降低血脂，但由于双键多易被氧化，容易在体内引起氧化损伤，过多食用同样不利于身体健康。脂肪酸失衡与很多常见慢性疾病的发生、发展关系非常密切，脂肪酸失衡是引起肥胖、糖尿病和营养不良的一个重要因素。

1. 饱和脂肪酸、单不饱和脂肪酸和多不饱和脂肪酸的比例要适当

面对种类繁多的脂肪酸，不能只是这个不能吃、那个特别好，对其中一些脂肪酸抱有极恐惧态度也不是科学做法，是不能解决问题的。人们需要做的是适量摄入，按合理比例摄入，依科学指示搭配摄入。只有当人体摄入脂肪酸的比例适当时，身体才会达到最佳状态。健康人所需各种脂肪酸含量为饱和脂肪酸 ≤ 10%、单不饱和脂肪酸 >75%。多个国家已给出饱和脂肪酸、单不饱和脂肪酸和多不饱和脂肪酸的健康比例。在第 5 次修改营养所需量时，日本厚生劳动省给出的饱和脂肪酸：单不饱和脂肪酸：多不饱和脂肪酸为 1:1.5:1；美国心脏协会过去建议比例是 1:1:1，之后在大量研究的基础上修改为 1:1.5:1，而美国国家胆固醇小组的建议比例则是 1:（1.5 ~ 2）:1。不同国家在不同时期有着不同答案，同一个国家不同组织也有稍具差异的建议。我国经济不断发展，带来国民饮食水平的提高，应该根据现在人们的身体状况及对各类脂肪酸的需求情况，制定更适合人体的脂肪酸摄入比例，甚至可以按照沿海、内陆、山区等进行划分，制定不同地区人群的脂肪酸推荐比例，并且还更应注意到 ω-3 和 ω-6 多不饱和脂肪酸的比例制定。如果有更进一步需求，还需要搭配其他适当的食品或药品，用更为科学的方法来享受更健康饮食。

2. ω-6 和 ω-3 多不饱和脂肪酸的比例

ω-6 和 ω-3 多不饱和脂肪酸都能降低血清总胆固醇和有害的低密度脂蛋白胆固醇水平，但在各种脂肪酸摄入相对平衡的状况下，ω-6 和 ω-3 两种多不饱和脂肪酸的比例要合理，ω-6 和 ω-3 多不饱和脂肪酸的比例为 4：1 时，可以预防心血管疾病、癌症和溃疡性结肠炎，降低老年人患抑郁症的风险。为此，在膳食中必须注意摄入 ω-6 和 ω-3 多不饱和脂肪酸的比例。ω-6：ω-3 多不饱和脂肪酸的值高了，会提高患心血管疾病和癌症的风险，因为动脉血管蚀斑的主要组成物之一是不饱和脂肪酸。研究表明，现代生活中过多食用口感甚佳的脂肪和油炸食品、食用油加工工艺的改革及我们食用的肉类产品因谷类饲料的喂养而含有更多的 ω-6 多不饱和脂肪酸，使大部分人的体内 ω-6：ω-3 多不饱和脂肪酸的值升高。因此，在日常生活中，应更多地选用富含 α- 亚麻酸的植物油，食用含 ω-3 多不饱和脂肪酸较多的鱼类产品，降低 ω-6：ω-3 多不饱和脂肪酸的值。

（十四）反式脂肪酸

不饱和脂肪酸碳氢链由于双键不能旋转而出现结节，有顺式结构双键和反式结构双键两种构型异构体。因此，不饱和脂肪酸中的双键有顺反两种构象，天然不饱和脂肪酸主要以顺式结构存在，但受到外界条件如催化剂、光、热等的影响，不饱和脂肪酸就会由顺式结构转变为反式结构。不饱和脂肪酸的非共轭双键中至少含有 1 个反式构型化学结构的即为反式脂肪酸，按含有的非共轭反式构型双键数量，又可以分为单反式构型和多反式构型两种反式脂肪酸。由于双键结构的不同，反式与顺式脂肪酸的性质存在一定差异，反式脂肪酸的性质与饱和脂肪酸相近，比相应的顺式脂肪酸的熔点要高，热力学稳定性更好。与顺式构型氢原子分布在碳碳双键同侧不同，反式构型的氢原子分布在双键两侧，这种构型影响了脂肪酸的生物学效应。常见的顺式油酸和反式油酸的结构如下：

顺式油酸

反式油酸

摄入较多的反式脂肪酸会对健康产生一定影响，会增加心血管疾病的患病概率，还可能会对中枢神经系统产生一定影响，并危害婴幼儿的身体健康。随着反式脂肪酸在国内食品中的不断使用，其产生的危害逐渐增加，国内应进一步加强对反式脂肪酸专业营养知识的普及，使人们更全面地了解反式脂肪酸。

1. 食品中反式脂肪酸来源

在现实生活中含有反式脂肪酸的人造奶油或人造黄油常用于西式餐饮食品中，如油炸松脆食品、固化植物油、方便面、方便汤、冷冻食品、烘焙食品、饼干、薯片、炸薯条、早餐麦片、巧克力、各种糖果及沙拉酱等，只是为了提升食物口感，让食物变得松脆美味。根据来源不同，反式脂肪酸可分为天然存在的和在加工过程中生成的两大类，主要来源于反刍动物的肉与乳制品，及油脂氢化、油脂精炼和食品加工过程。由于饮食文化及习惯的差异，世界各国反式脂肪酸的摄入水平也有所不同，欧美国家反式脂肪酸的摄入量普遍高于亚洲国家。人乳和牛乳中都天然存在反式脂肪酸，牛奶中反式脂肪酸占脂肪酸总量的 4% ～ 9%，人乳中占 2% ～ 6%。

（1）来源于反刍动物的肉与乳制品。反式脂肪酸多是经由反刍动物胃当中的微生物生物氢化作用形成的，这种生物氢化作用主要是由瘤胃当中的多种细菌共同参与完成。饲料中的油酸等单不饱和脂肪酸和亚油酸、亚麻酸等多不饱和脂肪酸在生物氢化转变为硬脂酸的过程中会产生大量反式脂肪酸，使反刍动物的肉与乳制品成为膳食中天然反式脂肪酸的主要来源。反刍动物的乳制品中的反式脂肪酸含量会随着季节、饲料组成及动物品种的不同而产生很大差异，如相比于牛奶，羊奶中的反式脂肪酸含量相对较低。

（2）来源于油脂氢化。为改善油脂的可塑性，适应特殊加工工艺的要求，许多工业国家纷纷对油脂进行部分加氢。氢化后的油脂具有熔点高、氧化稳定性好、货架期长、风味独特、口感更佳和成本更低等优势而受到重视。油脂氢化工艺在西方工业国家被广泛使用，以人造奶油、起酥油、煎炸油等产品形式投放市场，仅人造奶油一项，年产量就高达 900 万吨～1000 万吨，从而导致了反式脂肪酸在各种糕点、饼干、油炸食品等食品中广泛存在。油脂氢化主要是指不饱和脂肪酸的加氢过程，传统的氢化反应是在镍等催化剂的作用下，把油与催化剂混合加热到一定温度，压力达到 413.69 kPa 时，将氢气加到不饱和脂肪酸的双键处。在此过程中，部分油脂的双键可以发生异构化，生成反式脂肪酸。反式脂肪酸的种类与含量会因氢化条件、原料和氢化深度的不同而产生较大差异。因反式脂肪酸结构相对稳定，在一定的催化剂与高温高压条件下产生的反式脂肪酸会相对较多，不同氢化油中反式脂肪酸的含量因加工工艺的不同可有很大波动，一般约占油脂含量的 10%，最多可达到 60%。因此，在氢化过程中要通过优化原料与工艺设法降低反式脂肪酸产量。

（3）来源于油脂精炼。油脂精炼常用的有脱胶、脱酸、脱色、脱臭、脱蜡等工序。在天然植物油中多为顺式不饱和脂肪酸，反式脂肪酸含量较少。但在脱臭等处理过程中，油脂里的不饱和脂肪酸受到高温条件的影响会发生热聚合反应，容易造成脂肪酸的异构化，可形成 4% 左右的反式异构体。反式脂肪酸生成量和加热温湿度、时间及植物油种类等相关，脱臭阶段高温时间越长，反式脂肪酸生成量也越多。高温脱臭后的油脂中反式脂肪酸含量可增加 1%～4%。

（4）来源于食品加工。日常食品当中也常发现有一定的反式脂肪酸，其来源主要为配料与加工期间使用的含有反式脂肪酸的油脂，如使用氢化油。食品当中反式脂肪酸含量也会随着食用油的饱和度及食品中氢化油的含量不同而产生一定差异。反式脂肪酸已广泛存在于人造奶油、饼干、反复烹调的食用油等中。在日常烹调过程中，过度加热或反复煎炸也可导致反式脂肪酸的产生。煎炸油中由于高温也会产生反式脂肪酸，因此煎炸产品中也含有反式脂肪酸。在高温条件下焙烤食品，不饱和脂肪酸在加热阶段也会转变成反式脂肪酸。通常情况下油炸食品、焙烤食品、冰激凌、人造奶酪等食品当中的反式脂肪酸含量比较高。

2. 反式脂肪酸的危害

20世纪90年代,反式脂肪酸的营养与安全评价就一直备受关注。反式脂肪酸并非人体所必需的营养成分,不仅不能提供有益的营养,还存在相当大的潜在危害,是慢性非传染性疾病发病的影响因素之一,是一类对健康不利的不饱和脂肪酸,大量食用含有反式脂肪酸的食物会导致多种疾病的发生。但是随着食品工业的发展,反式脂肪酸已成为许多油脂或含有油脂的食品中的一个组成成分。从目前各国的研究结果来看,几乎可以肯定反式脂肪酸对健康有害无利,其对健康的不利影响很多,如在心血管疾病、糖尿病、癌症、胆囊疾病、影响生长发育等方面。反式脂肪酸会改变我们身体正常的代谢途径,可升高血液胆固醇水平,升高低密度脂蛋白水平,降低高密度脂蛋白水平,增加血液凝聚力与黏度,通过影响血脂和炎症反应诱发心血管疾病、某些慢性非传染性疾病和阿尔茨海默病等。反式脂肪酸食物摄入较多,会增加心血管疾病的发生,加速动脉粥样硬化,引发系统炎症和内皮功能改变,增加冠心病风险及死亡率。反式脂肪酸占总摄食热量的2%时,会增加产生血栓的概率。研究显示,每增加2%的反式脂肪酸摄入量,患心脏疾病的危险性相应上升25%。如丹麦通过禁止销售含有反式脂肪酸的食品,20年内因冠心病死亡的人数减少了接近50%。

反式脂肪酸还能影响胎儿早期生长发育。反式脂肪酸可以经由胎盘传递给胎儿,通过母乳喂养,使婴儿从母亲摄入的黄油中获取一定的反式脂肪酸。受到膳食及母体当中反式脂肪酸的影响,婴儿患脂肪缺失症的概率会增加,最终对婴儿的生长发育产生影响。反式脂肪酸还会危害中枢神经系统从而有效降低人们的认知能力,反式脂肪酸与饱和脂肪酸摄入越多的人,其血液当中的胆固醇含量不断增加,这不仅会加快心脏动脉粥样硬化,还会导致人的认知功能减退。

反式脂肪酸可增加腹围和体重,尤其是对肥胖人群作用较明显。膳食中总反式脂肪酸的比例增加会带来腹围增加,反式脂肪酸摄入使体重额外增加的作用是饱和脂肪酸的3~4倍。膳食中反式脂肪酸总摄入量还与乳腺癌有关，反刍动物中的反式脂肪酸易增加乳腺癌的发病风险，导致乳腺癌等多种癌症。

3. 反式脂肪酸的含量及摄入量

为科学膳食指导提供依据，许多国家都纷纷建立起适合本国国情的反式脂肪酸测定方法。如美国农业部向居民提供了部分食品反式脂肪酸含量数据作为居民选择食物的依据。部分食品反式脂肪酸的含量（单位：g/份标准食品）分别为：植物起酥油 1.4～4.2，硬脂奶油 1.8～3.5，软脂奶油 0.4～1.6，植物油 0.01～0.06 等。通过以上结果计算出美国成年人日均反式脂肪酸的摄入量为 5.8 g，约占每日消耗能量的 2.6%；欧盟 14 个国家的调查计算结果显示，欧盟国家男性的日均反式脂肪酸的摄入量为 1.2～6.7 g，女性为 1.7～4.1 g，分别相当于每日消耗能量的 0.5%～2.1%（男性）和 0.8%～1.9%（女性）；加拿大、葡萄牙、土耳其、丹麦、保加利亚等国家也分别报道了各国市场上煎炸油、起酥油、人造奶油等食品中的反式脂肪酸含量；日本的推算结果则认为，日本居民的日均反式脂肪酸摄入量约为 1.56 g，占每日消耗能量的 0.7%。

（十五）共轭脂肪酸

共轭体系是指分子结构中具有单键与双键交替结构的体系。天然多不饱和脂肪酸一般是不共轭的，2 个双键之间有 2 个单键，如亚油酸。在多不饱和脂肪酸中，如果 2 个双键之间只有 1 个单键，或者说没有插入的碳原子将 2 个双键分开，这样的脂肪酸叫共轭脂肪酸。共轭双键倾向于具有更活跃的化学反应性（即更容易被氧化）。尽管对于共轭脂肪酸在疾病进展中的作用已经有相当多的推测，但目前所掌握的知识还不足以做出明确结论。

1. 共轭亚油酸

共轭脂肪酸中常见的是共轭亚油酸。共轭亚油酸是亚油酸的同分异构体，是一类含有顺式和反式共轭双键的十八碳二烯酸异构体的总称。顺，反 -9,11- 共轭亚油酸、反，顺 -10,12- 共轭亚油酸已广泛应用于保健品、功能食品及食品添加剂等领域，二者的生理功能有所不同，反，顺 -10,12- 共轭亚油酸容易代谢。目前国内外共轭亚油酸功能食品和保健品大都是共轭亚油酸异构体混合物，不是单一异构体。

顺，反-9, 11-共轭亚油酸

反，顺-10, 12-共轭亚油酸

2. 共轭亚油酸为新资源食品

共轭亚油酸主要在反刍动物体内合成，反刍动物的肉类与奶等是共轭亚油酸的良好来源。共轭亚油酸也可从红花籽中提炼。在北美、西欧等许多地区共轭亚油酸已被批准添加到多种食品中，被认为是一种天然来源的、非刺激性成分，经临床证实可以安全地降低身体脂肪和改善身体成分，共轭亚油酸已广泛、安全地应用于保健品、功能食品、饮料及食品添加剂等领域。中华人民共和国卫生部 2009 年第 12 号公告批准共轭亚油酸、共轭亚油酸甘油酯为新资源食品，国家市场监督管理总局也批准其用于减肥和降血脂保健品中。

共轭亚油酸与大多数 ω-6 多不饱和脂肪酸作用不同。共轭亚油酸具有改善骨质密度、提高机体免疫力、促进脂质氧化分解等生理功能，对癌症、骨质疏松、动脉粥样硬化有一定的抗性作用。共轭亚油酸的抗动脉粥样硬化功能主要是通过改善肝内脂肪及其脂蛋白的代谢来实现的。由于共轭亚油酸异构体的双键位置不同，其对血脂的代谢作用也不同。反，顺 -10,12- 共轭亚油酸在降低血浆中的总甘油三酯、总胆固醇、高密度脂蛋白、低密度脂蛋白等的含量上发挥主要作用，可以调节血液胆固醇和甘油三酯水平，防止动脉粥样硬化，但在降低血压和人脑血管疾病的危险因素等方面仍存有争议。共轭亚油酸能有效地发挥"血管清道夫"的作用，可清除血管中的垃圾，有效调节血液黏度，达到舒张血管、改善微循环、平稳血压的作用。共轭亚油酸具有扩张和松弛血管平滑肌、抑制血液运动中枢的作用，降低了血液循环的外周阻力，使血压下降，尤其是使舒张压下降更为明显。共轭亚油酸能增强细胞膜的流动性，防止血管皮质增生，维持器官微循环的正常功能，维持细胞的正常结构及功能，增强血管的舒张能力，有效防止因严重缺氧造成的人体脏器和大脑的损伤，尤其是显著抑制因严重缺氧造成的肺、脾水肿。

共轭亚油酸具有抗肥胖功能，能够降低多种动物脂肪的沉积和体内脂肪累积，在降低体脂方面发挥主要作用的是反，顺 -10,12- 共轭亚油酸。共轭亚油酸对小鼠的降脂作用最明显，但在大鼠、仓鼠、猪和人上的一致性要差一些。共轭亚油酸可以改善肥胖大鼠的胰岛素抵抗，从而对糖尿病起到抵抗的作用，然而在调控血糖和胰岛素的敏感性上目前仍存有争议。共轭亚油酸影响机体脂质代谢，反，顺 -10,12- 共轭亚油酸能够调节脂肪代谢相关酶的基因表达及活性。共轭亚油酸可以影响骨代谢而预防骨质疏松。骨质疏松是一种以骨量减少和骨微结构破坏为特征，导致骨脆性增加和易于骨折的代谢性骨病。高浓度的顺，反 -9,11- 共轭亚油酸及反，顺 -10,12- 共轭亚油酸均能显著提高成骨细胞数量，并能够增加细胞成熟过程中矿化结节的数量，对成骨过程有一定的促进作用。人间充质干细胞可以向脂肪细胞分化，也可以向成骨细胞分化。研究表明，顺，反 -9,11- 共轭亚油酸能够促进体外培养的人间充质干细胞向脂肪细胞分化，同时不影响其向成骨细胞分化，而反，顺 -10,12- 共轭亚油酸能够促进骨髓向成骨细胞分化，同时抑制其向脂肪细胞分化。共轭亚油酸可以延缓肌纤维老化，阻止机体免疫系统功能衰退，加速细胞的分裂，并可呈剂量依赖性地减缓硫酸葡聚糖钠盐诱导的结肠炎的发展，表明共轭亚油酸能够提高人体免疫力；共轭亚油酸可以降低脂多糖引发的炎症反应，降低过敏性；共轭亚油酸在改善血脂水平、抑制动物不同类型的癌症及免疫调节等方面有重要作用。共轭亚油酸的抗癌、抗肿瘤的作用机制是其通过抑制花生四烯酸代谢的各种途径，调控类花生酸代谢产物，如前列腺素 E_2 的生物合成，来促进癌细胞凋亡，抑制癌细胞增殖。共轭亚油酸还可显著增加人体的心肌肌红蛋白、骨骼肌肌红蛋白含量。肌红蛋白对氧的亲和力比血红蛋白高 6 倍，肌红蛋白的快速增加，可大大提高人体细胞贮存及转运氧气的能力，让运动训练更有效，人体保持充沛的活力。

第四章

多种多样的食用油

　　食用油在我国主要分为植物油和动物油两大部分。植物油又分为草本植物油和木本植物油，所有食用植物油本身不含有胆固醇。草本植物油有大豆油、花生油、菜籽油、葵花籽油、棉籽油等；木本植物油有棕榈油、椰子油、山茶油、核桃油等。近年来我国引种和计划发展含油量丰富的木本植物，如油棕、油橄榄和油茶等，进一步扩大了食用油资源。动物油又分为陆地动物油和海洋动物油。陆地动物油有猪油、牛油、羊油、鸡油、马油、鸭油等；海洋动物油有鲸油、深海鱼油、海兽油等。此外从海洋微藻提炼的藻油也越来越引起重视。

（一）常用植物油

在食用油消费中一般以植物油为主，在世界范围内的植物油消费量中，大豆油、棕榈油与菜籽油并称为"世界三大植物油"，葵花籽油排列第4。

1. 大豆油

大豆油取自大豆种子，是世界上产量、销售量最多的油脂。大豆油按加工方式可分为直接压榨制取的压榨大豆油和经浸出工艺制取的浸出大豆油；按大豆的种类可分为非转基因大豆油和用转基因大豆制取的转基因大豆油。大豆油在人体消化吸收率高达98%。《大豆油》（GB/T 1535—2017）根据我国大豆原料和油脂加工实际情况，规定大豆油中亚麻酸含量为4.2% ～ 11.0%。大豆油从脂肪酸组成上看，每100 g 大豆油中含饱和脂肪酸15.2 g，其中软脂酸占7% ～ 10%，硬脂酸占2% ～ 5%，花生酸占1% ～ 3%；含单不饱和脂肪酸油酸22 ～ 30 g；含多不饱和脂肪酸55.8 g，其中亚油酸占50% ～ 60%，α - 亚麻酸占5% ～ 9%。

大豆油的色泽较深，热稳定性较差，沸点为257℃，加热时会产生较多的泡沫，应在低温或小于200℃的高温烹调。从食用品质看，大豆油不如芝麻油、葵花籽油、花生油。但从营养价值看，大豆油是一种营养价值很高的优良食用油。大豆油具有改善大便秘结不通等作用，可降低血清胆固醇含量，有预防心血管疾病的功效。大豆油中含有大量对人体健康有益的维生素 E、维生素 D 及丰富的卵磷脂，在体内具有乳化、分解油脂的作用，可增进血液循环，改善血清脂质，清除过氧化物，增强脑细胞活性。

大豆油包括了大豆原油和成品大豆油，大部分指标是对大豆原油做出规定。大豆原油定义为采用大豆制取的符合标准原油质量指标的不能直接供人类食用的油品。成品大豆油是经加工处理符合标准成品油质量指标和食品安全国家标准的供人类食用的大豆油品。《食品安全国家标准植物油》（GB 2716—2018）对植物油质量指标的规定包括感官要求、酸价、过氧化值、极性组分、溶剂残留量。《大豆油》（GB/T 1535—2017）对大豆油质量指标的规定包括基本组成、主要物理参数和质量指标。标准将压榨成品大豆油、浸出成品大豆油按质量指标由高到低分为四个等级，四级等级最低。不再以色拉油等表示等级。合格的大豆油无悬浮物、无沉淀物。一、二级大豆油为微黄色或无色，三、四级大豆油为黄色或棕黄色。合格的一、二级大豆油应澄清、透明，无气味，口感良好。三、四级大豆油具有大豆固有的气味、滋味，无异味。标准实行了条款强制，酸价、过氧化值、溶剂残留等指标被列为强制性指标。大豆油不得掺有其他食用油和非食用油，不得添加任何香精和香料。标准规定了大豆油的术语和定义、分类、质量要求、检测方法和规则、标签、包装、贮存和运输等要求，标准适用于压榨成品大豆油、浸出成品大豆油和大豆原油；大豆原油的质量标准仅适用于大豆原油的贸易。此标准实行后，小包装桶装油一看产品的标签，就可以明确地知道产品的品种、质量等级、加工方式、原料来源等消费者关心的指标。用转基因大豆制取的油，在其标签上要标有"转基因大豆油"或"加工原料为转基因大豆"字样。2004 年我国开始执行食品安全市场准入制度，销售的各类大豆油均应有企业食品生产许可标志。按《食品生产加工企业质量安全监督管理办法》规定，实施食品质量安全市场准入制度管理的食品，首先必须按规定程序获取食品生产许可证，其次产品出厂必须经检验合格并加印（贴）食品市场准入标志。没有食品市场准入标志的，不得出厂销售。

用浸出法制取大豆油的过程中，食用油中的残留不可避免。国家标准规定，即使合格的浸出大豆油每千克也只允许含有 10 mg 的溶剂残留。大豆油除含有脂肪外，在加工过程中还带进一些非油物质，在未精炼的毛油中含有 1% ～ 3% 的磷脂、0.7% ～ 0.8% 的甾醇类物质及少量蛋白质和麦胚粉等物质，易引起酸败，大豆油较易氧化变质并产生"豆臭味"，所以大豆油如未经水化除去杂质，是不宜长期储存的。另外，精炼大豆油在长期储存中，油色会由浅逐渐变深，原因可能与油脂的自动氧化有关，因此，大豆油颜色变深时，便不宜再长期储存。

2. 棕榈油

一种热带木本植物油，是仅次于大豆油的世界第二大食用油，也是国际贸易量最大的植物油品种，中国是全球第一大棕榈油进口国。棕榈油又称棕油、棕皮油，为不干性油（在空气中不能氧化干燥形成固体膜）。棕榈油脂肪酸组成为：软脂酸占 67.1%，硬脂酸占 5.0%，油酸占 17.1%，亚油酸占 4.0%。棕榈油含有高达 50% 的饱和脂肪酸，单不饱和脂肪酸含量居中，多不饱和脂肪酸含量最低，故常被称为饱和油脂。棕榈油价格低廉，使用范围广，占市场总量的 20%。人体对棕榈油的消化吸收率超过 97%。

棕榈油是使用蒸煮和压榨的方法，从棕榈果的果肉里制取的。棕榈油不含大量的癸酸、月桂酸和肉豆蔻酸，与棕榈仁油和椰子油有明显的区别。因棕榈油不需要氢化，因此不会产生反式脂肪酸。将棕榈油进行分提，使固体脂与液体油分开。其中固体脂可用来代替昂贵的可可脂作人造奶油和起酥油；液体油用作凉拌或烹饪用油，其味清淡爽口。大量未经分提的棕榈油用于制皂工业。

棕榈油中富含天然维生素 E 及三烯生育酚（600 ～ 1000 mg/kg）、类胡萝卜素（500 ～ 700 mg/kg）。棕榈油含有的维生素 A 和维生素 E 高出一般植物油，也是胡萝卜素最丰富的天然来源，棕榈油的胡萝卜素含量超过胡萝卜的 15 倍，是番茄的 300 倍。棕榈油本身不含有胆固醇，常食棕榈油有降低胆固醇水平的作用，且可抗血栓、防治心血管疾病，有抑制癌症的作用。

棕榈油质量应符合《棕榈油》（GB/T 15680—2009）标准要求。标准规定了棕榈油的术语和定义、分类、质量要求、检测方法和规则、标签、包装、贮存和运输等要求，标准适用于棕榈油及其分提产品棕榈液油、棕榈超级液油、棕榈硬脂的原油和成品油。标准中棕榈原油定义为只能作为原料的棕榈油，不能直接供人类食用的棕榈油；成品棕榈油定义为经处理符合标准成品油质量指标和卫生要求的直接供人类食用的棕榈油。标准规定了棕榈油的分提产品棕榈液油、棕榈超级液油和棕榈硬脂的质量指标。按标准规定，有关棕榈液油的定义和解释如下：棕榈液油是棕榈油经分提工序精制而成的在常温下呈液态的棕榈油，是通过控制温度使棕榈油结晶后，从中分提出来的液体部分。棕榈液油是世界油脂贸易中的主要油脂；棕榈超级液油是棕榈油经分提工序精制及结晶化过程而成的碘值超过 60 g/100 g 的液态棕榈油；棕榈硬脂是棕榈油经分提工序精制而成的高熔点棕榈油。棕榈硬脂是在棕榈油冷冻结晶后分提出来的固体部分，是棕榈液油的副产品。虽然分提出的硬脂量较少（硬脂与液体的比例大约为 25:75），但它的熔点和碘值范围比较宽泛。对于起酥油、糕点用人造奶油等产品来说，棕榈硬脂是很好的天然原料。在动物饲料和油化产品中，棕榈硬脂也是最好的选择，其也可以代替部分牛羊脂用于肥皂中。

棕榈油可根据其熔点不同分为 58℃棕榈油、52℃棕榈油、44℃棕榈油、33℃棕榈油、24℃棕榈油等。棕榈油略带甜味，具有令人愉快的紫罗兰香味，常温下呈半固态，其稠度和熔点在很大程度上取决于游离脂肪酸的含量。国际市场上把游离脂肪酸含量较低的棕榈油叫软油，把游离脂肪酸含量较高的棕榈油叫硬油。熔点为 40℃的棕榈油（指要达 40℃才能熔化成液体的棕榈油），只能用于做肥皂和化妆品；熔点为 24℃的，可以用来炸方便面和做糕点；熔点为 12℃的可以作为食用植物油。但现在市场上最容易获得的是熔点为 24℃的棕榈油。棕榈油作为烹调油、人造奶油和起酥油已在全世界范围内应用，同时也被加入调和油和各种食品里。

另外还有棕榈仁油，是从棕榈果仁中制取的，其组分与棕榈油有很大的差别。它的组分和特性与椰子油非常相似。未经精炼的毛油呈微黄色，可以简单地通过精炼获得亮色的棕榈仁油，既适合应用于食品方面，也适合应用于非食品方面。棕榈仁油的脂肪酸组分熔点为 25.9 ~ 28.0℃，碘值为 16.2 ~ 19.2 g/100 g。脂肪酸的组成范围是 C_6 ~ C_{20}。脂肪酸类型以月桂酸为主，占总组分的 46% ~ 51%。环境温度在 28℃以下，棕榈仁油呈半固体状态。在较低的温度下，固体含量较高，但温度提高到30℃时，固体含量会迅速下降。

3. 菜籽油

菜籽油又称菜油、油菜籽油、芸苔油、香菜油，主产地在我国西南地区。菜籽油是以十字花科植物芸苔（即油菜）的种子榨制所得的透明或半透明液体。在国际食品法典委员会的油脂法典委员会制定了《特定植物油标准》（CXS 210）中，菜籽油定义为由油菜种子制备而成，供人类食用的植物油。菜籽油为金黄色或棕黄色，有一定的刺激气味，民间叫作"青气味"。这种气体是其中含有一定量的芥子甙所致，但特优品种的油菜籽不含这种物质，比如高油酸菜籽油、双低菜籽油（指由芥酸含量低于3%、菜饼中硫代葡萄糖苷含量低于 30 μmol/g 的油菜籽中提炼出来的菜籽油）等。菜籽油按制取工艺来分，可分为压榨菜籽油和浸出菜籽油；从原料是否转基因来分，可分为转基因菜籽油和非转基因菜籽油；从脂肪酸组成的芥酸含量来分，可分为一般菜籽油和低芥酸菜籽油。菜籽油中含花生酸 0.4%～1.0%，油酸 14%～19%，亚油酸 12%～24%，芥酸 31%～55%，亚麻酸 7%～10%。人体对菜籽油的消化吸收率可高达 99%。菜籽油中含有的芥酸和芥子甙等物质对维生素摄入不利，应与富含亚油酸的优良食用油配合食用，其营养价值将得到提高。菜籽油所含的亚油酸等不饱和脂肪酸和维生素 E 等营养成分能很好地被机体吸收，具有利胆功能，有一定的软化血管、延缓衰老的功效。菜籽油是一种芥酸含量特别高的油，是否会引起心肌脂肪沉积和使心脏受损目前尚有争议，所以有冠心病、高血压的患者还是应当注意少食用。

菜籽油分为菜籽原油、压榨成品菜籽油和浸出成品菜籽油三类。《菜籽油》（GB/T 1536—2021）中将菜籽原油定义为未经任何处理的不能直接供人类食用的菜籽油，质量指标仅适用于菜籽原油的贸易；成品菜籽油定义为经处理符合标准成品油质量指标和卫生要求的直接供人类食用的菜籽油。低芥酸菜籽油定义为由含低芥酸的油菜种子制备而成、供人类食用的植物油。芥酸是一种长链不饱和脂肪酸，食用富含芥酸的菜籽油可能对心脏病患者的健康不利，国外食用的菜籽油多为低芥酸菜籽油。

近年来，我国双低油菜产业发展迅速，育种水平和加工技术不断提高，许多低芥酸菜籽油产品在保留香味的同时芥酸含量低于2%。双低菜籽油的油酸含量约为60%，湖北荆门种植的高油酸菜籽在"双低"的基础上，油酸含量大幅提升，超过72%。被世人公认的高端植物油橄榄油，油酸含量也就在72%左右。高油酸菜籽油的油酸含量与橄榄油相似，具有饱和脂肪酸含量更低、含有多种必需脂肪酸的特点，其脂肪酸组成品质超过橄榄油。

4. 葵花籽油

葵花籽，又叫葵瓜子，它的子仁中脂肪占30%～45%，最多的可达60%。葵花籽油颜色金黄，澄清透明，具有芳香气味。葵花籽油在世界范围内的植物油消费量中排在大豆油、棕榈油和菜籽油之后，居第4位。葵花籽油中脂肪酸的构成受气候条件的影响，寒冷地区生产的葵花籽油含油酸15%左右，亚油酸70%左右；温暖地区生产的葵花籽油含油酸65%左右，亚油酸20%左右。

葵花籽油分为不能直接供人们食用的葵花籽原油和供人们食用的成品葵花籽油。根据加工方式不同有压榨葵花籽油和浸出葵花籽油。精炼后的葵花籽油呈清亮好看的淡黄色或青黄色，气味芬芳，滋味纯正，加热时香味浓郁。烹饪时由于烟点高，可以免除油烟对人体的危害。葵花籽油中不饱和脂肪酸占90%，其中亚油酸占66%左右，还含磷脂、胡萝卜素等营养成分，以及甾醇、维生素、亚油酸等多种对人类有益的物质。葵花籽油中还含有比较多的维生素A和胡萝卜素，有治疗夜盲症、预防癌症、降低血清胆固醇水平、降低血压、防止血管硬化和预防冠心病的作用。葵花籽油中还含有较多的维生素E，每百克中含100～120 mg，而且亚油酸与维生素E的比例比较均衡，因此具有良好的延迟人体细胞衰老、强身壮体、延年益寿的作用。葵花籽油中还含有较多的维生素B_3，对治疗神经衰弱和抑郁症等精神疾病有疗效。葵花籽油中含有的一定量蛋白质及钾、磷、铁、镁等无机物，对糖尿病、缺铁性贫血病的治疗也有辅助疗效，可促进青少年骨骼和牙齿的健康成长，有助于人体发育和生理调节，对于防止皮肤干燥及鳞屑也有积极作用。葵花籽油还含有葡萄糖、蔗糖等营养物质，其热量也稍高于大豆油、花生油、芝麻油、玉米油等，每克可产生约 39.77 J 热量。葵花籽油凝固点低，易于被人体吸收，吸收率可达 98% 以上。

5. 花生油

在我国花生作为一种重要的油料作物和经济作物，年产值在 1100 亿元以上，高于其他油料作物年产值的总和。我国花生种植面积排全球第二，单产比全球平均产量要高 26%，每年总产量达 1700 余万吨，在全球总产量中的占比接近 40%，居世界首位。花生中的脂肪含量为（50±5）%，不饱和脂肪酸占 80% 以上（其中油酸占 41.2%，亚油酸占 37.6%）。高油酸花生是指油酸含量占脂肪酸总量较高（通常＞70%）的花生，抗氧化能力强，有利于花生种子及其加工产品的储藏，使其货架期得以有效延长。同时，高油酸花生也更有利于人体健康，故已逐步成为国际花生生产和消费的重要发展方向。

国家标准《花生油》（GB/T 1534—2017）（含第 1 号修改单）于 2018 年 7 月 1 日起，代替《花生油》（GB/T 1534—2003），1 号修改单于 2019 年 3 月 29 日实施，标准规定了花生油的术语和定义、分类、质量要求、检验方法和规则、标签、包装、贮存、运输和销售等要求。标准适用于成品花生油和花生原油。花生油分为未经任何处理不能直接供人类食用的花生原油和经处理符合标准成品油质量指标和卫生要求的直接供人类食用的花生油。花生原油的质量指标仅适用于花生原油的贸易。根据加工方式不同有直接压榨制取的压榨花生油和浸出工艺制取的浸出花生油。因此，花生油分为花生原油、压榨成品花生油和浸出成品花生油三类。

花生油淡黄透明，色泽清亮，气味芬芳，滋味可口，是优质烹调油和煎炸油，抗氧化稳定性较高，比较容易消化。花生油折光指数（n）为 1.460 ～ 1.465，相对密度（d_{20}^{20}）为 0.914 ～ 0.917，碘值（以 I 计）为 6 ～ 107 g/100 g，皂化值（KOH）为 187 ～ 196 mg/g，不皂化物 ≤ 10 g/kg，花生油沸点为 226℃。花生油属于干性油（指涂成薄层后，在空气中能干燥而结成一层固体膜）。每 100 g 花生油含饱和脂肪酸 20 g，软脂酸约占 13%、硬脂酸占 3%～5%，花生酸、山嵛酸和木焦油酸共占 3.6%～5.6%；含单不饱和脂肪酸 40.8 g，其中油酸占 40.4%；含多不饱和脂肪酸 38.3 g，亚油酸占 37.9%，还有二十碳烯酸。花生油中所含脂肪酸的特点是含十八碳以上的饱和脂肪酸比其他植物油多，因此它的混合脂肪酸很难溶解于乙醇，在较低温度（10℃以下）会发生混浊甚至凝固。纯净花生油的脂肪酸在 70% 乙酸溶液中的混浊温度是 39～40.8℃，用此温度可以鉴定花生油是否为纯品。

高油酸花生的油酸 / 亚油酸值（即 O/L 值）较高，产品保质期更长，货架期也相应延长 1～8 倍，口感和耐贮性较普通油酸花生均更好，由于在一定程度上改善了其风味，更为消费者所喜爱。按照全国粮油标准化技术委员会发布《高油酸花生油》规定，油酸含量超过 73% 的才可被认定为高油酸花生。花生的高油酸性状是由脂肪酸代谢中脂肪酸脱氢酶的基因突变产生的。目前来看，高油酸花生无论从健康价值，还是从延长货架期及降低食品安全风险等各方面均优于普通油酸花生，非常符合我国农业高质量发展、供给侧结构改革的要求，是花生在科研、生产和产业化方面的重要发展方向。与国外相比，我国高油酸花生育种起步虽晚但发展迅速，目前国内不同育种单位已审定登记了 80 余种高产、抗病、早熟、优质的高油酸花生新品种，为我国高油酸花生的应用和推广提供较为充足的品种保障。

花生油中还含特殊臭味成分，如己醛、壬醛、γ- 丁内酯、苯甲醛、苯甲醇、2- 甲氧基 -3- 异丙基吡嗪；芳香成分的总量约为 19.77 mg/kg，主要成分为吡嗪类化合物，含量为 12.33 mg/kg，占花生油芳香成分总量的 62.37%，其中 2,6- 二甲基吡嗪最为重要，含量为 3.92 mg/kg，占芳香成分总量的 19.83%；次要成分为呋喃类化合物，其中 2,3- 二氢苯并呋喃含量为 1.61 mg/kg，占芳香成分总量的 8.14%。芳香成分还有 1,2,3-三甲基环戊烷、1- 乙基 -3- 甲基环戊烷、4- 乙基 -2- 甲氧基苯酚、4- 甲氧基苯酚、3-（1,1- 二甲基乙基）苯酚、2,3,5- 三甲基吡嗪、2- 甲基 -5-

丙烯基吡嗪、糠酸甲酯、3,5- 二乙基 -2- 甲基吡嗪、2- 乙酰基吡咯、2,4- 二甲基噻唑、2,5- 二甲基噻唑、5- 甲基 -2- 糠醛、2- 己基呋喃、3- 己基呋喃、2- 乙酰基 -5- 甲基呋喃、2,3- 二氢苯并呋喃。

食用花生油可使人体内胆固醇分解为胆汁酸并排出体外，从而降低血浆中胆固醇的含量。另外，花生油中还含有甾醇、麦胚酚、磷脂、维生素 E、胆碱、叶酸盐、黄酮等对人体有益的物质，胆碱可改善人脑的记忆力，延缓脑功能衰退。经常食用花生油，可以防止皮肤皲裂老化，保护血管壁，防止血栓形成，预防心血管疾病。花生油可以降低血总胆固醇和非高密度脂蛋白胆固醇水平，升高高密度脂蛋白胆固醇水平。花生油有降低 2 型糖尿病患者血脂水平的作用，并有可能通过调节胰岛素水平降低血糖。每百克花生油含锌元素 8.48 mg，是色拉油的 37 倍、菜籽油的 16 倍、大豆油的 7 倍，食用花生油适宜于大众补锌。花生油还具有健脾润肺、解积食、驱脏虫的功效。花生油中还发现 3 种保健成分，即白藜芦醇、单不饱和脂肪酸和 β - 谷固醇，实验证明，这几种物质是肿瘤类疾病和心血管疾病的化学预防剂。

花生油在一般贮存条件下，会发生自动氧化酸败的过程，特别是在阳光、紫外线或金属催化剂的作用下，当超过 50℃的辐射温度时，会分解重排成醛、酮，使油脂酸败。花生油的贮存温度应低于 15℃，充满容器密闭贮存。对长期贮存的花生油，可添加 0.2% 的柠檬酸或抗坏血酸，以破坏金属离子的催化作用，延长贮存期。国外出口的油中有的还添加抗氧化剂（如 BHA、BHT、PG 等）。

6. 芝麻油

芝麻油又称香油、麻油，是从芝麻中提炼出来的，具有特别的香味，是一种高档食用油。芝麻乃张骞从西域带回的种子。芝麻的种子含油约 50%，并含有约 25% 的蛋白质。按榨取方法一般分为压榨法、压滤法和水代法。芝麻油是世界卫生组织（WHO）公布的三大最佳食用油之一，不仅具有较高的营养价值，同时还具有药用价值，被列入中国、美国、日本等国药典。被称为"油中之王"的芝麻作为我国重要的油料作物，其含油量在 46% ~ 63%，高于花生、菜籽等油料。芝麻油中富含不饱和脂肪酸且脂肪酸组成合理，具有降低胆固醇水平、软化血管、预防动脉粥样硬化的作用。

芝麻油是以芝麻籽为原料制备的油脂，可分为 4 类：芝麻原油、芝麻香油、小磨芝麻香油和精炼芝麻油。芝麻原油的质量指标仅适用于芝麻原油的贸易。芝麻原油为芝麻籽、压榨法所得芝麻饼或水代法所得芝麻渣采取溶剂浸出工艺制取、未经精炼且不能直接食用的芝麻油；芝麻香油为芝麻籽经过焙炒采用压榨、压滤工艺制取的具有浓郁香味的成品芝麻油。小磨芝麻香油为芝麻籽经过焙炒或石磨磨浆，采用水代法制取的成品芝麻油；精炼芝麻油为芝麻原油经过精炼制成的成品芝麻油。

芝麻油的折光指数（n^{20}）为 1.4575 ~ 1.4792，相对密度（d_{20}^{20}）为 0.915 ~ 0.924，碘值（以 I 计）为 104 ~ 120 g/100 g，皂化值（KOH）为 186 ~ 195 mg/g。芝麻油含饱和脂肪酸软脂酸 7.9% ~ 12.0%、硬脂酸 4.5% ~ 6.9%，芝麻油中主要成分不饱和脂肪酸占 85% ~ 90%，其中油酸占 34.4% ~ 45.5%、亚油酸占 36.9% ~ 47.9%、α - 亚麻酸占 0.30% ~ 0.95%。芝麻油的功能性成分木酚素类化合物占 0.5% ~ 1.0%，脂溶性的木酚素能够抑制脂质过氧化作用，增加肝脏的化学解毒作用，防止氧化应激反应的发生，降低血糖、糖化血红蛋白水平。脂溶性的木酚素有芝麻素、芝麻酚、芝麻林素等。水溶性木酚素如芝麻苷、松脂醇苷及芝麻林素苷等含量较少。芝麻林素在体内代谢为芝麻酚和芝麻素酚，这两者均有很强的抑制脂质过氧化的作用。芝麻素能够增加肝脏的化学解毒作用，降低化学性致癌的发生率，防止氧化应激反应的发生。芝麻素还可以改善脂代谢，譬如抑制多不饱和脂肪酸的生物合成和胆固醇的吸收。芝麻油可以降低胆固醇、甘油三酯、低密度脂蛋白胆固醇水平，显著增加谷胱甘肽过氧化物酶和过氧化氢酶的表达。

目前，提取芝麻油的方法主要有水代法、机械压榨法、水酶法等。其中水酶法所得的油脂品质好、色泽浅、易于精炼，油与饼渣（粕）易分离等。芝麻油中富含不饱和脂肪酸，且脂肪酸组成合理，对降低胆固醇水平、软化血管，防止因血管硬化引起的疾病非常有益。用常规方法制取的芝麻油（称"大槽油"）呈淡黄色，香味较淡。经直接火焙炒后用水代法或压榨法制取的芝麻油（又称香油、小麻油或小磨香油）呈棕红色，有令人喜爱的特殊香味，是中国人膳食中上等的凉拌油脂，营养价值高。芝麻油不仅含有其他油脂所含有的有益成分，还含有天然抗氧化剂，具有其他油脂所不具备的显著抗氧化稳定性，相比大豆油与花生油增加了对胡萝卜素的利用，同时又可防止其他食品中维生素的分解。芝麻油中含有芝麻酚，芝麻酚是一种天然抗氧化剂，它使芝麻和芝麻油成为"长寿食品"。

优质芝麻油一般呈棕红色、橙黄色或棕黄色，无混浊物质，芝麻香味浓郁，无异味。芝麻油中富含维生素 E 及不饱和脂肪酸。其中，维生素 E 具有抗氧化作用，能维持细胞膜的完整性和正常功能，具有促进细胞分裂、软化血管和保持血管弹性的作用，因而对保护心脑血管有好处。而芝麻油中的不饱和脂肪酸，容易被人体吸收，有助于消除动脉壁上的沉积物，同样具有保护血管的功效。此外，芝麻油有浓郁的香味，可在一定程度上刺激食欲，促进体内营养成分的吸收。

另外市场上见到的黑麻油是黑芝麻油，一般为芝麻籽榨的油，但在不少地区指的是花椒油。市场上芝麻籽榨的油会分成 3 类。黑麻混合油：黑芝麻油和其他食用油的混合油，价格比较便宜；芝麻香油：黑芝麻和白芝麻的混合油，用来凉拌提香；纯黑芝麻油：全部是用黑芝麻压榨而成，色深而香醇，价格比较贵。黑芝麻油对动脉粥样硬化模型兔具有较明显的降血脂作用，其降脂作用主要表现在降低低密度脂蛋白胆固醇水平，进而降低总胆固醇水平。黑芝麻油能够预防和减轻动脉粥样硬化的发生和发展。

（二）小品种食用植物油

一些食用植物油由于其市场份额较小，又被称为小品种油。小品种油其实是相对大宗食用油而言的，小品种油的油料种植范围不广、产量小、数量少，通常没有办法形成规模化生产，多在特定区域形成主流。比如地中海沿岸国家的人们常吃橄榄油。在中国内蒙古、河北、宁夏、甘肃等地的人们常吃亚麻籽油。小品种油大都是木本植物提取而来的油，这类油食用范围广，也可作为基础油，目前在我国是一种很畅销的油类。它们由于具有独特的风味和特定使用场合，在特定的市场有广阔的使用价值。市场上能见到的小品种油如亚麻籽油、山茶油、紫苏油、玉米油、米糠油、葡萄籽油、橄榄油、山茶油、核桃油、红花籽油等。部分小品种油因压榨原料产量少、市场供应量小而价格高昂，且随着人们生活水平的提高和健康意识的加强，小品种油消费的增长比例会逐步提高。我国油料资源丰富，有些油料种植规模小、油脂产量不高但榨出的食用油对人体健康具有特殊的营养功效和保健功能，产品附加值高，因此将这种油称为特种食用油或高端食用油。

在我国小品种植物油正不断发展壮大。如在国家"退耕还林"政策支持下，四川北部地区种植了大面积的油橄榄树，现全省种植面积已超过1亿平方米。自贡市荣县是全国油茶示范林基地建设县，现有油茶种植面积约4000万平方米。此两种油料中不饱和脂肪酸都占其总脂肪酸的80%以上，按照现代医学和营养学理论，是具有特种保健作用的可食用油料。另外一些果蔬资源中存在的特种油料，如从葡萄籽、南瓜籽、核桃等榨出的油也不断补充到我们的餐桌上。随着人们生活水平的提高，消费者对食用油的选择也在悄然发生变化，在人们营养保健意识增强后，吃油不再局限于传统的油脂，如花生油、大豆油、菜籽油和动物脂肪，而是逐渐把目光转移到那些市场份额较小、价格居于高端且具有特殊的营养功能的小品种食用油上，如橄榄油、亚麻籽油、紫苏籽油等，它们都含有多种单不饱和脂肪酸和多不饱和脂肪酸。

1. 橄榄油

橄榄油产自油橄榄树的果实，分为特级初榨橄榄油、初榨橄榄油、纯橄榄油。每100 g橄榄油含饱和脂肪酸软脂酸13.5 g，单不饱和脂肪酸油酸 73.3 g，多不饱和脂肪酸 7.9 g。橄榄油中含有不饱和脂肪酸，可以降低低密度脂蛋白胆固醇水平，还含有角鲨烯、丰富的维生素 E 等其他有益成分。橄榄油被认为是迄今所发现的油脂中最适合人体营养的油脂，具有非常高的营养价值，其中的抗氧化成分，还可以防止许多慢性疾病。由于橄榄油在生产过程中未经过任何化学处理，其天然的营养成分保持完好。用橄榄油炒菜时，油温不超过 190℃时，橄榄油不会受到影响。建议每天或隔日进食橄榄油，每日总量不超过 35 g。

橄榄油不需精炼就可食用，既可热炒，又适合作凉拌食品的调味油。橄榄油熔点低，易消化，含有 80% 以上的不饱和脂肪酸。每 100 g 橄榄油中含有能增强机体的耐力与改善心功能的角鲨烯 700 mg，这是一种天然抗氧化剂。食用橄榄油既无引起高血脂、血管硬化的危害，又没有在体内氧化、产生过氧化物影响健康之虑。此外，橄榄油还含有多种维生素，如维生素 A 能滋润干燥的皮肤，防止起皱；维生素 D 能促进人体代谢，保护及强化皮肤，预防皱纹产生；维生素 E 能促进血液循环，抑制皮肤老化和弹性下降，能软化血管；维生素 K 能使皮肤有弹性，吸收皮下脂肪。因此，橄榄油有"可吃的化妆品"之誉。

流行病学研究表明，以橄榄油为主要食用油的地中海饮食，其冠心病发生率较低。橄榄油阻断了脂质条纹形成和动脉粥样硬化过程中上皮细胞的炎症过程，从而减少粒细胞对受损的上皮细胞的黏附。女性每日摄入 30 g 橄榄油、男性每日摄入 40 g 橄榄油可以降低收缩压和舒张压。女性每日摄入橄榄油大于 30.5 g 时患乳腺癌的危险性降低 30%。橄榄油中的油酸起到调控致癌基因的作用，多酚类物质如大量存在于特级初榨橄榄油中的羟基酪醇和橄榄苦苷可以抑制肿瘤细胞的增殖，可显著增强人体细胞免疫功能的角鲨烯可以保护乳腺细胞 DNA 不被氧化损伤。此外，橄榄油具有抗微生物的活性，可以抵抗幽门螺杆菌的生长，并促进胆汁和胰腺激素的分泌。每日 6 g 橄榄油对风湿性关节炎也有益处，可以抑制 ω-3 和 ω-6 多不饱和脂肪酸的竞争性代谢产物，减少炎症反应过程中产生的活性氧。

2. 玉米油

玉米油又叫粟米油、玉米胚芽油，以玉米胚芽为原料制成。它的原料是加工玉米的副产品，故资源丰富。玉米胚芽是一种很好的资源丰富的制油原料，玉米胚芽脂肪含量为 17%～45%，大约占玉米脂肪总含量的 80% 以上。玉米油是在玉米精炼油的基础上经过脱磷、脱酸、脱胶、脱色、脱臭和脱蜡工艺精制而成的。玉米油色泽金黄、澄清透明、清香扑鼻。玉米油折光指数为 1.456～1.468，相对密度为 0.917～0.925，碘值（以 I 计）为 107～135 g/100 g，皂化值（KOH）为 187～195 mg/g，不皂化物 ≤ 28 g/kg，沸点为 246℃，凝固点为 −10℃，烟点高，很适合快速烹炒和煎炸食物。在高温煎炸时，具有一定的稳定性，不易变质。玉米油烹调中油烟少、无油腻、味觉好，既可以保持蔬菜和食品的色泽、香味，又不损失营养价值。玉米油中维生素 E 的含量也较高，并含卵磷脂、胡萝卜素，可软化动脉血管，是高血压、高血脂、高胆固醇、冠心病、脂肪肝、肥胖症患者和老年人理想的食用油。玉米油中不饱和脂肪酸含量高达 86%，油酸占 20.0%～42.2%，亚油酸占 34.0%～65.6%，亚麻酸占 0～2.0%，花生酸占 0.3%～1.0%，花生一烯酸占 0.2%～0.6%。玉米油的人体吸收率可达 97% 以上，不但有强身健体的作用，而且有很好的护肤作用，是皮肤滋润、充盈不可缺少的营养物质。玉米油本身不含有胆固醇，它对于血液中胆固醇的积累具有溶解作用，故能减少对血管产生硬化影响，对心血管疾病患者起保健作用，对老年性疾病如动脉粥样硬化、糖尿病等具有防治作用。玉米油为一种补品，可以每天空腹食用一匙。玉米油中含有的谷固醇及磷脂，有降低胆固醇、防治动脉粥样硬化等心血管疾病及防止衰老的功效，可增强人体肌肉和心血管系统的机能，提高机体的抵抗能力。玉米油享有"健康油""放心油"等美称。玉米油富含维生素 A、维生素 D 和维生素 E，易消化吸收，所含维生素 D 对促进人体内钙的吸收作用较大，对儿童骨骼的发育极为有利。玉米油中较多的植物甾醇可预防血管硬化，促进饱和脂肪酸和胆固醇的代谢。

3. 米糠油

我国是世界上最大的稻米生产国，年产量约为 1.9 亿吨。米糠是大米加工过程中的重要副产物，按 7% 的出糠率计算，每年可生产 1330 万吨的米糠。而米糠中的油脂含量可达 20% 左右，与大豆相当。因此，米糠是一种重要的油料资源。米糠中不仅含有丰富的油脂，而且含有大量的营养物质，如维生素 A、维生素 B_1、维生素 B_2、烟酸、泛酸肌醇、叶酸、维生素 B_{12}、维生素 E 等。另外还含有丰富的镁、磷、钙、锌、铁、碘等矿物质营养元素。

米糠油除了米糠中带来的大量营养物质外，米糠油本身的脂肪酸组成也比较合理，一般米糠油中主要脂肪酸组成为亚油酸 29% ～ 42%，油酸 40% ～ 45%，其比例约为 1：1，碘值（以 I 计）为 92 ～ 115 g/100 g。按现代观点，米糠油中油酸与亚油酸的比例符合甚佳的 1：1，这样的油脂具有较高的营养价值。另外，米糠油中软脂酸占 12% ～ 18%，亚麻酸占 <1.0%。因此，米糠油会是今后中国生产调和油及功能性油脂的重要油源。米糠油作为一种新型天然植物油，含有多种其他油脂中没有且对健康有益的特殊活性成分。米糠油具有提高免疫力、降低胆固醇水平、调节血脂、防止动脉粥样硬化等功能，营养价值超过大豆油、菜籽油等。米糠油因丰富的营养价值和保健功能，日益受到消费者的重视和青睐。米糠油熔点低（低于人的体温），易于消化，不饱和脂肪酸含量在 80% 以上，还含有 0.12% 的维生素 E、0.24% 的谷维素和胡萝卜素、维生素 D、卵磷脂及肌醇等多种营养素。

我国米糠资源分布散而广，很难短时间集中在一起制油；米糠中含有活性较高的脂肪酶，因此米糠原料极易酸败变质，制备出的米糠毛油酸价较高；米糠油制取和精炼过程中也存在许多技术难点，因而不易制备高级别的食用米糠油。这些因素都制约我国米糠油产业化发展。米糠油的发展可以提高我国食用植物油的自给率，目前我国食用植物油对外依存度超过 60%。米糠油的发展还应提高我国米糠食用油的营养价值，目前国内市面上销售的米糠油中谷维素基本在精炼工艺中全部流失或被破坏。所以，对于米糠保鲜、米糠制油及米糠油精炼的研究是十分重要的。

米糠油作为一种米糠深加工产品，因含有大量有效营养成分，而被国外营养学界视为食用油中的珍品，近年来在欧美韩日市场很受欢迎。国内现已生产出了高品质的米糠油，多项营养健康指标甚至超过了韩国、日本等国的产品，国际市场一级米糠油售价每吨达到 3000～3500 美元，米糠油作为一种市场空间巨大的营养保健油得到了越来越多人的认可。

4. 小麦胚芽油

小麦胚芽油是从小麦胚芽中提取出来的一种谷物胚芽油，富含维生素 E、亚油酸和亚麻酸等必需脂肪酸、二十八醇及一些微量生物活性成分，具有很高的营养价值，被公认为颇具营养保健作用的功能性油脂。对人体具有强化心脏，促进冠状动脉扩张，增进人体血液循环，恢复老化的内分泌腺功能，具有促进氧的吸收利用，软化硬化的血管，强化神经系统等作用。小麦胚芽油脂肪酸的主要成分为亚油酸 54.57%、油酸 14.12%、软脂酸 13.56%、亚麻酸 8.34%，其中饱和脂肪酸占 14.48%，单不饱和脂肪酸占 14.12%，多不饱和脂肪酸占 62.91%。超临界萃取获得的油脂品质最好，水酶法和冷榨法提取的油脂的过氧化值相对于超临界萃取略低，但都符合油脂卫生标准，有机溶剂萃取的油脂需要再次进行精制才能符合食用油卫生标准。小麦胚芽油在 60℃下的存放过程中，不饱和脂肪酸逐步被氧化，导致小麦胚芽油中的亚油酸和 α-亚麻酸含量逐渐降低，硬脂酸含量逐渐增加。研究表明，亚临界丙烷萃取得到的小麦胚芽油不饱和脂肪酸含量最高，占其总脂肪酸含量的 86.70%，其中多不饱和脂肪酸含量占总脂肪酸含量的 74.00%，且亚油酸含量最丰富，高达 66.80%。超声萃取所得的小麦胚芽油中的不饱和脂肪酸含量为 84.10%，其中多不饱和脂肪酸含量占总脂肪酸含量的 73.50%，且亚油酸含量为 66.20%，低于亚临界丙烷萃取得到的小麦胚芽油中的亚油酸的含量。有机溶剂浸提获得的小麦胚芽油中不饱和脂肪酸含量为 75.80%，是 3 种萃取方式中最少的。总体来说，3 种萃取技术中亚临界丙烷萃取所得的小麦胚芽油中不饱和脂肪酸含量、单不饱和脂肪酸含量与多不饱和脂肪酸含量都是最高的。

5. 山茶油

山茶油又名茶油、山茶籽油、油茶籽油，是从山茶科山茶属植物的普通油茶成熟种子中压榨提取的纯天然高级食用植物油，是世界四大木本植物油之一。山茶属植物共有 100 多种，我国就有 70 种以上。油茶树主要生长在我国南方，以湖南省种植最多，全球山茶油产量的 90% 以上来自中国。中国山茶油的食疗双重功能实际上优于橄榄油，山茶油还含有橄榄油所没有的特定生物活性物质茶多酚和茶皂苷（或称茶皂素）。山茶油为金黄色或浅黄色，澄清透明，气味清香，味道纯正。其中茶皂苷有溶血栓作用，能防治血管硬化所致的多种心血管疾病；而茶多酚具有降低胆固醇水平、预防肿瘤等多种作用。油茶籽含油量一般为 25% ～ 35%，所榨出的山茶油含有饱和脂肪酸 10% 左右，主要由 7% ～ 9% 软脂酸和 1% ～ 3% 硬脂酸组成；单不饱和脂肪酸油酸占 72% ～ 90%，仅次于橄榄油；多不饱和脂肪酸的亚油酸占 4% ～ 7%、亚麻酸占 1.1%。山茶油不含芥酸、胆固醇等对人体有害的物质，其脂肪酸的组成、含量、比例与橄榄油极为相似，素有"东方橄榄油"的称号，甚至有些营养成分的指标还要高于橄榄油。

《本草纲目》记载："茶油性偏凉，有凉血、止血、清热、解毒之功效，主治肝血亏损，驱虫，益肠胃，明目。"山茶油色清味香，耐贮存。一般来说，山茶油的生产方式为有机溶剂提取和机械压榨。山茶油中含有丰富的维生素 E、维生素 D、胡萝卜素、磷脂、角鲨烯等生物活性成分。山茶油中还含钙、镁、钾、锌等多种人体所必需的无机元素，随着精炼程度的增加，多数元素含量呈下降趋势。维生素和无机元素对维持中枢神经系统、心血管系统的功能，维持骨骼肌的结构与功能，促进生育机能，增强机体的免疫功能等都有积极作用。山茶油中含有一定量的角鲨烯，因提取方法的不同含量会有较大差异，己烷提取法所得山茶油中角鲨烯含量最高达 7.62%，压榨法所得山茶油中也含有 2.98%，其他方法提取所得山茶油中角鲨烯含量相对较低，介于 0.29% ～ 0.94%。

山茶油中 ω-3 多不饱和脂肪酸与 ω-6 多不饱和脂肪酸的比例为 1∶4，比较符合国际营养标准。山茶油对机体有良好的营养保健作用，也是优异的护肤油脂，它与皮肤的亲和性好，有较好的渗透性，易于被皮肤吸收，可使皮肤变得柔嫩而富有弹性，无刺激，在使用中有滑爽而不油腻的舒适护肤感。如今山茶油已被制成胶囊、针剂应用于临床医学，帮助人们抵御血栓、血管硬化等疾病。山茶油能降低血清胆固醇和甘油三酯水平。山茶油对高脂饲料诱导的肝脂肪变性和动脉粥样硬化的形成有抑制作用，可抑制主动脉血管内膜增生，延缓动脉粥样硬化程度和主动脉狭窄，同时减少肝细胞空泡样改变，其机制可能是多不饱和脂肪酸抑制血栓素释放，增加机体超氧化物歧化酶和谷胱甘肽过氧化物酶的活性，降低血浆、肝脏脂质过氧化物生成等。山茶油因其高含量的不饱和脂肪酸和抗机体活性氧作用，经特殊工艺精制后可作为药物载体用油。在临床上，山茶油不仅用于营养和缓和修复皮肤的弹性，还用于治疗各种各样的出血状况。目前，山茶油的年产量大约在 20 万吨，其中大部分为当地农民自己食用，每年的市场销售量仅有 6 万吨～ 7 万吨。

6. 亚麻油

亚麻油又称胡麻油，是从亚麻籽中分离提取制成的油，是一种富含 α- 亚麻酸的甘油三酯。因其有 3 个双键，易氧化，干燥后的涂膜不软化，很难被溶剂溶解。过去一段时间由于不了解亚麻油的生理功效，其作为干性油曾被广泛用于涂料、油墨和印刷等行业。亚麻是古老的韧皮纤维作物和油料作物，油用型亚麻又叫胡麻，内蒙古农业地区大量栽培，产量很多。亚麻生长地区的温度对亚麻籽中脂肪酸的组成影响较大，寒冷地区所产亚麻油一般不饱和脂肪酸含量较高，温暖地区所产亚麻油不饱和脂肪酸含量较低。一般亚麻油中亚麻酸含量为 58.03%，不同产地的亚麻籽油脂含量不同，甘肃陇南产亚麻籽的油脂含量最高，达 44.88%，其油中 α- 亚麻酸含量可高达 65.84%，也高于其他地区的亚麻油，这可能与当地气候、环境、产地纬度及栽培方式有关。甘肃陇南产亚麻籽在特种食用油开发中有明显优势。

亚麻油呈橙黄色，澄清透明，芳香浓郁，具有特有的气味和滋味，无其他异味。亚麻油是营养价值很高的食用油，含有饱和脂肪酸、单不饱和脂肪酸及多不饱和脂肪酸，其中 70% 以上为多不饱和脂肪酸，碘值（以 I_2 计）为 165 ~ 208 g/100 g。对人体非常重要的 α-亚麻酸是亚麻油中主要的脂肪酸，根据产地不同，一般亚麻油中 α-亚麻酸含量为 39% ~ 60.4%，平均含量为 47.3%，国家标准为 45.0% ~ 70.0%。其他脂肪酸平均含量：油酸为 28.62%，国家标准为 9.5% ~ 30.0%；亚油酸为 13.15%，国家标准为 10.0% ~ 20.0%；软脂酸为 5.16%，硬脂酸为 4.76%。亚麻油中还含有 0.03% ~ 0.22% 的木酚素。亚麻油具有一定的抗氧化能力，在体内可促进脂肪酸的 β-氧化。

7. 荠蓝籽油

荠蓝又称亚麻荠，属于十字花科亚麻荠属植物，起源于地中海沿岸及中亚地区，其种植历史可追溯到青铜器时代。到 20 世纪 50 年代后期，由于油菜的兴起，油菜的产量远高于荠蓝，荠蓝种植逐渐减少。到 20 世纪 90 年代，由于人们开始重视 ω-3 多不饱和脂肪酸的摄入，才重新引起人们对能提供较多 α-亚麻酸的荠蓝植物的关注，荠蓝种植又逐渐得到恢复。荠蓝籽油是一种具有很高食用价值的油脂。荠蓝籽含油量为 36% ~ 42%，人体必需脂肪酸的含量达到 53.9%，各种不饱和脂肪酸含量达 91%。其中 α-亚麻酸含量达到 33% ~ 36%，远远高于大豆油（5% ~ 11%）和菜籽油（5% ~ 14%）；亚油酸含量高达 18% ~ 25%，维生素 E 的含量也高达 36 ~ 44 mg/100 g。荠蓝籽油中含有的维生素 E 增强了不饱和脂肪酸的稳定性，也提高了油的营养价值。荠蓝籽油因其天然保健、化学稳定等优点，可广泛应用于高档保健油、食品添加剂、医药、化妆品等许多领域。

8. 葡萄籽油

葡萄籽油为浅绿色到浅黄绿色。葡萄籽油的折光指数（n^{40}）为 1.467 ~ 1.477，相对密度为 0.920 ~ 0.926，碘值（以 I 计）为 128 ~

150 g/100 g，皂化值（KOH）为 188 ～ 194 mg/g，不皂化物 ≤ 20 g/kg。葡萄籽油中主要脂肪酸组成：软脂酸 5.5% ～ 11%、硬脂酸 3.0% ～ 6.5%、油酸 12% ～ 28%、亚油酸 58% ～ 78%、亚麻酸 0 ～ 1.0%。葡萄籽油中总甾醇含量为 2000 ～ 7000 mg/kg。利用低温冷榨技术从葡萄籽中提取高质量的葡萄籽油不但能够减轻环境污染，而且可以为国民提供新的高品质食用油源，从而进一步提高葡萄籽油的经济利用价值。通过低温冷榨可以得到绿色食用油脂产品，与浸出法相比，能够避免与溶剂、碱液、脱色白土等有害物质接触。与高温热榨相比，能够避免在制取过程中对油脂的有效成分造成破坏，最大限度地保存了产品中的脂溶性营养成分。工艺流程：油料 ⟶ 除杂初选 ⟶ 低温干燥 ⟶ 破碎 ⟶ 冷榨 ⟶ 干燥 ⟶ 过滤 ⟶ 包装。

9. 南瓜籽油

南瓜籽俗称白瓜籽，是南瓜的成熟种子，是南瓜的主要副产物，其油脂含量丰富（35% ～ 50%），经榨取或浸提即得南瓜籽油，南瓜籽油香味独特、营养丰富。南瓜籽油的提取方法主要有冷榨法、热榨法、溶剂萃取法、超临界流体萃取法、微波萃取法等。2017 年国家粮食局颁布了《南瓜籽油》（LS/T 3250—2017）标准，南瓜籽油正式进入食用油行列。南瓜籽油含有丰富的不饱和脂肪酸、植物甾醇、角鲨烯、氨基酸、胡萝卜素、矿物质及多糖等营养成分，具有降血糖、抑制男性秃头、杀虫、治疗前列腺增生等作用。南瓜籽油富含多种抗氧化成分，其中最主要的是生育酚。

裸仁南瓜是南瓜的一种籽仁突变品种，在南瓜生长进化过程中，籽仁木质素的降低和缺失使种皮的第 2 ～ 4 细胞层坍塌，由于没有坚硬的外壳，可以直接食用。裸仁南瓜籽油含有 12 种脂肪酸，以软脂酸、硬脂酸、共轭亚油酸为主。其中饱和脂肪酸 8 种，不饱和脂肪酸 4 种。不饱和脂肪酸含量高达 74.68%，其中顺式单不饱和脂肪酸、多不饱和脂肪酸的含量分别为 29.14%、45.54%。裸仁南瓜籽油的 β - 谷甾醇、Δ7- 植物甾醇和角鲨烯含量分别为 30.75%、10.76%、5490 μg/g，显著高于葡萄籽油和亚麻籽油中的相应含量，角鲨烯含量显著高于文献报道的市售普通南瓜籽油的平均含量（1.14 μg/g）。天然植物甾醇具有良好的降胆固醇、抗炎、抗癌等功效，Δ7-植物甾醇可抑制由二氢睾酮过多引起的前列腺增生；角鲨烯为天然的抗癌、抗氧化剂。因此可将裸仁南瓜籽油开发为具有降胆固醇、抗癌、抗氧化的保健油脂，或应用到化妆品、药品等行业。

10. 紫苏油

紫苏油是一种高 α-亚麻酸含量的植物油资源，是我国传统的药食两用植物油。早在《神农本草经》中就提到可以利用紫苏籽榨油，并将紫苏油列为上品，紫苏油是古时候专门进贡给皇家食用的名贵食用油。紫苏籽中含有较多的油脂，出油率高达 50%。近年来，由于紫苏油营养丰富、可代替鱼油、不含芥酸等有害物质等而受到广泛关注。现代人越来越重视健康保健，紫苏油被称为"液体黄金"，具有延缓衰老和提高记忆力的作用。

紫苏是一种唇形科紫苏属的植物，别名红苏、赤苏、苏子（紫苏子、黑苏子、蓝苏子）、红紫苏等。紫苏是多用途的经济植物，是一种原产于中国西部高原的耐旱、耐盐碱的一年生植物。紫苏在中国种植已有 2000 年历史，在我国南北各省区均有栽培，主要产地集中在东北、宁夏、甘肃等地。在紫苏种子中蛋白质含量约为 17%、油含量为 39% ~ 51%，油中的 α-亚麻酸含量高达 64% ~ 80%、亚油酸含量达 17.6%，因产地不同而不同（表 4.1）。紫苏油中 α-亚麻酸含量最高的为黑龙江生产的，高达（80.03±2.33）%。

表4.1　各产地紫苏籽含油量和油中 α-亚麻酸含量比较

产地	含油量 /（%）	油中 α-亚麻酸含量 /（%）
黑龙江	41.22±3.45	80.03±2.33
内蒙古	43.02±2.31	66.25±2.54
四川	40.79±3.78	72.20±2.87
甘肃	39.41±2.66	67.94±3.09

紫苏油中含有大量的不饱和脂肪酸,含量高达90%以上,主要为α-亚麻酸、亚油酸、油酸和花生四烯酸等,尤以人体所必需的α-亚麻酸含量最高,一般都达60%以上。紫苏油中还含有维生素E、维生素B$_1$、谷维素、甾醇、磷脂和黄酮类物质。从紫苏籽中提取油脂的工艺有传统提取工艺和新型提取工艺。传统提取工艺一般是压榨法和有机溶剂萃取法,但存在出油率低、溶剂与油脂互溶及溶剂残留等缺点。新型提取工艺包括微波辅助提取技术、超声波辅助处理法、超临界二氧化碳萃取法等。目前市场上已出现了紫苏油保健品,如紫苏油软胶囊、胶丸等。紫苏油除具有α-亚麻酸所具有的降血脂保健功效外,还具有降气平喘、化痰止咳、润肠通便的功效,临床用于治疗咳嗽气喘、咳痰不利、胸膈痞闷、肠燥便秘等疾病,其原因可能与紫苏油中不皂化物的组成有关。

11. 核桃油

核桃是胡桃科胡桃属植物,为世界四大干果之一,与核桃类似的食物还有松子、榛子、腰果等。核桃是一种集脂肪、蛋白质、糖类、膳食纤维、维生素五大营养要素于一体的药食两用坚果,具有延年益寿、健脑益智等功效。核桃主产于我国山西、云南、四川、陕西、甘肃等地。从不同地区核桃中提取的核桃油的脂肪酸组成相同,但其含量有显著差异,甘肃核桃油中的α-亚麻酸含量最高达16.8%,山东的为13.23%,新疆的为10.4%,贵州的最低,为7.05%。

核桃油中的脂肪酸以不饱和脂肪酸为主,油酸、亚油酸和亚麻酸含量高达90%以上,亚油酸占46.9%~68.6%,亚麻酸占6.9%~17.6%、油酸占10.0%~25%。其中,亚麻酸与亚油酸比例接近1:4。每天吃1~3个核桃或食用5~10 g核桃油,可降低胆固醇30%~50%,患心脏病的危险减少10%~15%。核桃油中含有丰富的卵磷脂,能增强细胞的活性,促进造血功能,此外还含有丰富的维生素E,能阻止脂褐素产生,延迟老年斑出现,对治疗老年性便秘也有特殊功效。核桃油还具有健脑、调节激素、抗炎、维持肠道健康、降低胆固醇水平、改善脑缺血、促进睡眠、提高记忆力、增强机体消除自由基能力、抗高甘油三酯、防止动脉粥样硬化和保护内皮细胞等功效。核桃油经动物毒性、致突变、致畸实验已被证明无毒、无致癌成分，宜长期食用。目前市场上的核桃油主要以婴儿和孕妇用油为主。核桃油还富含黄酮类物质、多种微量元素、角鲨烯、多酚等，可以促进生长发育、保持骨质密度、保护皮肤、防辐射、增强免疫力，对婴幼儿来说还具有平衡新陈代谢、改善消化系统的功效。核桃油应当低温烹饪或直接调用。用冷榨法制取核桃油对油脂品质、营养物质没有影响，营养成分保留完整，色泽好，无溶剂残留。冷榨法制取植物油虽是传统方法，但经过工艺优化后，仍是现代食用油产业的最佳选择，且更适合于核桃油的提取。工艺流程：碎仁或整仁——→冷榨——→毛油——→粗滤——→精滤——→包装——→高值核桃油。

12. 棉籽油

棉籽油是以棉花籽榨的油，分为压榨棉籽油、浸出棉籽油、转基因棉籽油、棉籽原油、成品棉籽油几种，颜色深红，精炼后可供人食用，是我国主要食用油之一。但需要注意的是，食用粗制棉籽油可造成生精细胞损害，导致无精不育。棉籽油可用于烹调食用，亦可作为工业生产原料。我国是世界最大的棉花与棉籽生产国，2018年棉籽油产量约117万吨，与玉米油产量相当。由于人们对棉籽油长期存在负面认知，现在市场上少见小包装产品。大部分棉籽油用作调和油的原料。但棉籽油自身具备优异的高温烹饪效果，适合中餐煎炒烹炸的烹饪习惯。20世纪80年代，我国制定了《精炼棉籽油》（GB 1537—1986），后来进行了较大程度的修订，并发布了修订版《棉籽油》（GB 1537—2003）。2012年8月12日全国粮油标准化技术委员会审查通过《棉籽油》（GB/T 1537—2019），2019年6月4日正式颁布，并于2020年1月1日正式实施。

棉籽原油的质量指标仅适用于棉籽原油的贸易。调研结果表明，国内的棉籽原油品质较差，主要表现为酸价过高。新鲜棉籽加工的原油酸价通常较低，但实际生产中，棉籽都是被储存一段时间之后再加工，导致棉籽原油酸价很高，炼耗较大，影响油脂色泽。根据目前国内油脂加工水平和消费现状，成品棉籽油等级指标保持现行三级标准，删去了冷冻实验，相当于删去了《棉籽油》（GB 1537—2003）中的一级棉籽油（等同国外的色拉油）等冷冻实验指标。新标准不单独设立冬化棉籽色拉油，并将其归入一级棉籽油。一级和二级棉籽油的游离棉酚含量限定在 50 mg/kg 以下，将三级棉籽油的游离棉酚含量限定在 200 mg/kg 以下。

精炼棉籽油一般呈橙黄色或棕色，精炼后的棉籽油清除了棉酚等有毒物质，可供人食用。国家卫生标准要求，油脂中棉酚含量小于 0.02%。当棉籽油中棉酚不高于 0.02% 时对人体是没有影响的。精炼棉籽油含有大量的必需脂肪酸，其中亚油酸的含量最高，可达 46.7% ~ 66.2%。此外，棉籽油中饱和脂肪酸主要有 19.0% ~ 26.4% 的软脂酸、1.5% ~ 3.3% 的硬脂酸，0.1% ~ 0.8% 的花生酸；不饱和脂肪酸油酸含量为 13.5% ~ 21.7%，亚麻酸含量 ≤ 0.7%，人体对棉籽油的消化吸收率为 98%。精炼棉籽油最宜与动物脂肪混合食用，能有效抑制血液中胆固醇水平上升。

13. 椰子油

椰子油取自椰子肉（干），椰子肉（干）含油量为 65% ~ 74%、含水量为 4% ~ 7%。椰子油为白色或淡黄色，熔点是 23℃。在 23℃ 之上，椰子油是液体，低于 23℃ 是白色糊状物。椰子油的烟点较低，为 177℃ 以下。椰子油是植物性高度饱和的食用油，不容易氧化和产生自由基，具有多种生物活性，如调节血浆血脂、抗氧化等，现阶段椰子油被广泛应用于特医食品行业、食品工业等领域。

椰子油中饱和脂肪酸含量高达 90% 以上，其中饱和脂肪酸以月桂酸为主，单不饱和脂肪酸含量为 4.70%，多不饱和脂肪酸含量为 0.75%。可挥发性脂肪酸含量为 15% ~ 20%，其中水溶性脂肪酸占 2%。同时椰子油中含多酚、甾醇、生育酚等多种油脂伴随物。毛椰子油中饱和脂肪酸月桂酸、肉豆蔻酸和软脂酸的含量分别为 49.85%、18.75% 和 8.24%。椰子油的主要成分中 65% 为中链脂肪酸，中链脂肪酸易被人体消化吸收，具有天然的综合抗菌能力、抗氧化作用，它可用于治疗儿童的佝偻病、成人的骨质疏松，保护骨骼不受自由基损伤，有助于预防阿尔茨海默病。椰子油味辛，性温，归肺经、脾经。椰子油还有杀虫止痒、敛疮、治疗癣、治冻疮、美容护肤、护发、排毒养颜和保齿的功效。

14. 牡丹籽油

牡丹属芍药科芍药属落叶灌木，是原产于我国的重要花卉。油用牡丹因其高产、高品质、种植成本低及籽含油量高而广受青睐。牡丹籽含油量可达 24.12% ～ 37.83%，稍高于大豆。牡丹籽油营养丰富，又有医疗保健作用，2011 年牡丹籽油被中华人民共和国卫生部批准为新资源食品，作为新型食用油。牡丹籽油含丰富的不饱和脂肪酸、维生素 E、植物甾醇及微量元素等营养成分。

牡丹籽油中不饱和脂肪酸含量为 88.2% ～ 93.5%，其中单不饱和脂肪酸含量为 21.0% ～ 43.2%，多不饱和脂肪酸含量为 45.6% ～ 71.8%；多不饱和脂肪酸中亚油酸含量为 16.5% ～ 33.7%，α-亚麻酸含量为 28.1% ～ 46.9%。牡丹籽油还含有少量的不皂化物，如谷甾醇、岩藻甾醇、角鲨烯、色素、脂溶性维生素等。牡丹籽油的微量元素中钙、钠含量最高，分别为 156.4 mg/kg、145.9 mg/kg，其次为铁、钾、锌和镁，含量为 20 ～ 60 mg/kg。微量元素可协助输送宏量元素，作为酶的组成成分或激活剂，在激素和维生素中起独特作用，影响核酸代谢等，甚至具有一定的临床诊断和治疗价值。牡丹籽油还含有丹皮酚、皂苷、多糖、有机酸、黄酮等 100 多种具有生物活性的营养物质，具有降血压、降血脂、降血糖、抗氧化、增强免疫力、保护肝脏、软化血管、延缓衰老、促进新陈代谢、调节激素水平等生理功能。牡丹籽油中的没食子酸、齐墩果酸的含量分别为 0.4085 μg/mL、110.12 μg/mL。这些成分可能存在协同或拮抗作用，是牡丹籽油具有多种生理调节功能的物质基础。牡丹籽油具有保肝作用，对易受肝病困扰的人群来说，选择牡丹籽油代替部分食用油可能会大有裨益。牡丹籽油还可治疗皮肤烫伤、便秘。

15. 杜仲籽油

杜仲籽油是从杜仲籽中低温萃取制得的油脂，含有大量 α-亚麻酸。杜仲籽油中有 10 种脂肪酸，其中不饱和脂肪酸含量为 91.18%。脂肪酸组成为 α-亚麻酸 67.38%、亚油酸 9.97%、油酸 15.81%、硬脂酸

2.15%、软脂酸 4.68%。杜仲为一种中药材,对血压也具有双向调节作用,对各期高血压症治疗均颇有成效,还能降血脂,降低机体胆固醇水平,预防血管硬化。杜仲对增强记忆功能、镇痛、抗疲劳、抗肿瘤、调节免疫功能等都有明显效果,尤其是独特的双向调节免疫功能对维护人体的健康至关重要。杜仲还可以促进人体骨骼和肌肉中胶原蛋白的合成与分解,促进代谢,预防职业性和老年性骨质疏松,适于中、老年人使用。

16. 元宝枫籽油

元宝枫是我国特有的树种,属槭树科落叶乔木,因其翅果形状像中国古代金锭元宝而得名。元宝枫林主要分布在内蒙古和辽宁沙漠边缘,是中国特有树种。作为一种优质木本油料的元宝枫种仁含油量约达50%。2011 年 3 月 22 日,中华人民共和国卫生部第 9 号文件,批准元宝枫籽油为新资源食品,自此元宝枫籽油正式进入我国食用植物油行列。

元宝枫籽油是不饱和脂肪酸含量较高的不干性油,不饱和脂肪酸含量达92%,其中油酸25%、亚油酸36%。最难能可贵的是元宝枫籽油中含有 6.0% 的神经酸,使其价值远高于其他油料,成为一种具有保健作用的油脂。神经酸是顺 -15- 二十四碳一烯酸,别名鲨油酸,是一种单不饱和脂肪酸,是世界上公认的唯一能修复受损神经纤维、并促使神经细胞再生的双效神奇物质。神经酸是大脑神经纤维和神经细胞的核心天然成分,在脑组织和神经组织中含量很高,是大脑发育所必需的营养元素,对提高脑神经的活跃程度有很大作用,是能促进受损神经组织修复和再生的天然活性物质。实验测试表明,萌发后的元宝枫种仁中神经酸含量上升,约达到萌发前的 1.5 倍。如 1 g 的元宝枫种仁在萌发前可以提取805.86 μg 神经酸,萌发后可以提取 1245.81 μg 神经酸。元宝枫籽油含有的神经酸在医学上有广泛的应用。元宝枫籽油中还含有丰富的脂溶性维生素 A、维生素 E 和维生素 D,维生素 E 的含量达到 125 mg/100 g,远远高于进口橄榄油和棕榈油。

元宝枫籽油脂肪酸含量具体测定如下:棕榈油酸(19±0.03)%、软脂酸（3.57±0.32）%、α-亚麻酸（65±0.25）%、亚油酸（37.35±1.62）%、油酸（26.62±0.31）%、硬脂酸（1.80±0.09）%、顺-11-二十碳一烯酸（7.74±0.48）%、花生酸（0.35±0.13）%、芥酸（11.26±1.25）%、山嵛酸（0.98±0.80）%、神经酸（7.76±0.33）%、木焦油酸（0.72±0.21）%。

17. 秋葵籽油

秋葵籽油是从成熟的优质一年生草本植物黄秋葵的籽中提取出来的纯天然高级食用油，因其富含维生素、蛋白质、卵磷脂及钙、磷、铁、钾、镁等矿物质，所以是一种营养丰富的高档植物油。黄秋葵成熟的种子中含油量达 15%～20%。采用气相色谱法对秋葵籽的主要脂肪酸成分进行分析，得出其主要脂肪酸含量分别为：由肉豆蔻酸 0.2%、软脂酸 30.6%、棕榈油酸 0.5%、硬脂酸 4.2%、油酸 23.8%、亚油酸 30.8%、亚麻酸 0.3%、花生酸 0.6 %。秋葵籽油中饱和脂肪酸、单不饱和脂肪酸和多不饱和脂肪酸的比例接近 FAO/WHO 推荐的 1∶1∶1 模式。作为一种新型植物油，秋葵籽油不仅可以用于烹饪、糕点、罐头食品等，还可以加工成人造奶油、烘烤油、调味油（有特殊香味）等以供食用。有报道称，经常食用秋葵籽油可以促进人体血液循环，防止动脉硬化及动脉硬化并发症、高血压、心脏病、心力衰竭、肾衰竭、脑出血，并能抗衰老、改善人脑记忆力、预防阿尔茨海默病、改善消化系统功能等。此外，人体对秋葵籽油中不饱和脂肪酸的消化吸收率较高，其不仅有助于减少胃酸、阻止发生胃炎及十二指肠溃疡等，还具有润肠功能，长期食用可以有效缓解便秘。在医药领域，秋葵籽油可作为烧伤药、胃溃疡药、伤口愈合药、止痉挛药、神经镇静剂等。有研究表明，黄秋葵中的不饱和脂肪酸可防止小鼠因力竭游泳导致肝损伤，以及提高疲劳运动小鼠肝组织的抗氧化能力。秋葵籽油的营养价值和保健功能已引起医疗、食品、农业等许多领域科学家的关注。此外，秋葵籽油还可以作为生物燃料，为生物柴油生产提供新的来源。但是秋葵籽油在生产加工及使用过程中经常处于高温条件下，故可能引起有害物质苯并芘的产生。

18. 红花籽油

红花籽油是以菊科植物红花的种子经压榨等工艺精制而成的黄色透明液体，红花的种子红花籽习称"西平子"。标准型红花籽油的脂肪酸组成为软脂酸 5% ～ 9%、硬脂酸 1% ～ 4.9%、油酸 11% ～ 15%、亚油酸 69% ～ 79%，属干性油。100 g 红花籽油中维生素 E 为 146 mg。油酸型红花籽油以油酸为主，油酸约占 60%，亚油酸含量为 25%，属半干性油。红花籽油对防治动脉粥样硬化、心血管疾病、降低血压和胆固醇水平具有特殊疗效。红花籽油可与其他食用油调和成"健康油""营养油"，还是制造亚油酸丸等保健药物的上等原料。在医药工业上红花籽油可用于制造防治心血管疾病、高血压、肝硬化等疾病的药品。此外，红花籽油中还含有谷维素、大量甾醇类生物活性成分，所以被誉为"健康营养油"。据《本草纲目》记载，红花籽油具有活血祛瘀、通经止痛的功能，用于治疗痛经、血滞经闭、跌打瘀肿、关节疼痛及斑疹色暗等。红花籽油不仅因含油量较高而在食用方面价值高，而且其含有 γ - 亚麻酸、亚油酸等成分，从而具有治疗动脉粥样硬化等药用保健功能。同时，由于红花籽油资源优势显著，其在医药工业原料、保健食用油等方面备受关注。红花籽油具有抗炎、调节免疫、降血脂、减肥、抗衰老等显著的药理作用。红花籽油还具有较高的抗冻性、色味稳定、颜色清亮等优越的理化特性，不仅可直接食用或烹调用，还可以配制多种调味品。若以甲醇为溶剂，红花籽油在高压反应釜中进行异构化反应，可制备共轭亚油酸，为工业用亚油酸来源开辟了新途径。

19. 木瓜籽油

木瓜籽为木瓜加工后的下脚料，约占木瓜质量的 7%，品种不同，产量有较大差异。通过溶剂提取的木瓜籽油，仍能保留浓郁的木瓜香味，具有类似橄榄油和山茶油的品质，具有很好的经济价值。木瓜籽中油脂含量较高，含油量在 30% 左右，最低的野木瓜籽含油量达 25%，超过了大豆的含油量（20% 左右），可作为油料资源加以开发利用。木瓜籽油中游离脂肪酸含量较低，过氧化值较低，是一种优质的半干性植物油。木瓜籽油的脂肪酸组成丰富，饱和脂肪酸含量在 8% 左右，比橄榄油（12.03%）和山茶油（13.38%）都低；不饱和脂肪酸主要是油酸、棕榈油酸、亚油酸、亚麻酸、花生四烯酸等。国产木瓜籽油中油酸含量达 69.72%，而夏威夷产木瓜籽油中油酸含量高达 79.24%，仅次于山茶油中的油酸含量（84.37%）。木瓜籽油的脂肪酸组成可以与橄榄油、山茶油等高品质植物油相媲美。木瓜籽油的脂肪酸组成以油酸为主，其中的饱和脂肪酸：单不饱和脂肪酸：多不饱和脂肪酸为 29：68：3，有着重要的生理功能，具有较大的开发利用价值。油酸作为一种"安全脂肪酸"，是用于评定食品品质的重要标志。油酸在人体中容易被消化和吸收，有助于减少人体对胆固醇和脂肪的摄入量，有利于降低高血压人群的血脂水平。

木瓜籽油可作为一种营养保健油进行开发利用，但提取的毛油中杂质较多，需进一步精炼才能满足食用油的要求。急性毒性实验表明木瓜籽油无毒，对人体是安全的。木瓜籽油的色泽为透明的浅黄色，碘值（以 I_2 计）为 70 ～ 110 g/100 g，酸价和过氧化值也比较低，是一种营养价值较高的可食用油脂。木瓜籽油中活性成分含量很高，富含多酚、生育酚、黄酮、植物甾醇及异硫氰酸苄酯等。甾醇类物质是植物油中的一类伴随成分，植物甾醇在木瓜籽油中有较高的含量，一般甾醇含量丰富的植物油都具有一定的药理活性，如改善血清胆固醇、肝胆固醇、血清甘油三酯和脂蛋白异常，抑制动脉壁的脂质沉着等功效。多酚类物质的抗氧化、抗菌性能也比较优越，对提高人体免疫力、减肥、辅助治疗糖尿病和癌症都具有一定的积极作用。番木瓜籽油中总多酚含量达到了 119.917 μg/mL。多酚类化合物能抑制木瓜籽油的氧化酸败，从而使其保质期得到延长。异硫氰酸苄酯是一种广谱抗菌药物，是防癌、抗癌的有效成分之一，在预防及治疗膀胱癌、乳腺癌等方面具有显著效果。异硫氰酸苄酯在番木瓜种子中含量较高，但在不同制油方法获得的木瓜籽油中含量有一定差异。通过压榨法制备的番木瓜籽油中，异硫氰酸苄酯含量达到了 23.3 g/kg。从番木瓜种子中提取的异硫氰酸苄酯对体外培养的人肝癌细胞的增殖有抑制作用。此外，番木瓜籽油对镰状细胞贫血症也有明显的疗效，体外实验研究发现，番木瓜籽油能使血红蛋白浓度得到明显提升，从而使镰状细胞的数量减少，镰状细胞用番木瓜籽油处理后，可明显提升血液中过氧化物酶的活性。

20. 哈密瓜籽油

哈密瓜在新疆作为夏季的水果，每年产量很大，哈密瓜籽多作为废弃之物，视为浪费资源。对哈密瓜籽油中脂肪酸成分进行分析，结果表明，油脂中含有多种成分，其中亚油酸 68.50%、油酸 17.97%、亚麻酸 0.08%、肉豆蔻酸 0.03%、十五烷酸 0.01%、软脂酸 9.86%、棕榈油酸 0.05%、十七烷酸 0.06%、硬脂酸 3.04%、花生酸 0.15%、二十碳烯酸 0.08%、山萮酸 0.03%、芥酸 0.09%。哈密瓜籽油中软脂酸、油酸含量略高于葡萄籽油。哈密瓜籽油具有降胆固醇、降血糖的作用，适宜"三高"人群的保健食用，开发前景广阔。

21. 沙棘果油

沙棘果油是从植物沙棘的果实中提取出来的珍贵天然油脂，使用的沙棘果原料应符合《中国沙棘果实质量等级》（GB/T 23234—2009）的规定。沙棘果实中除含有不饱和脂肪酸之外，还含有黄酮、维生素、植物甾醇、微量元素等 100 多种生物活性物质。沙棘果实含油量约为 1.5%，其中果肉油约占 43%、果皮渣油约占 33%、种子油约占 24%。沙棘果油不仅是一种优质食用油，而且是珍贵的药用油，不饱和脂肪酸含量达 88.4%。沙棘果油为棕红色、澄清透明的油状液体，具有沙棘果油特有的气味和滋味。每 100 g 沙棘果油中含有维生素 E 120 mg，维生素 A 100 mg（高于鱼肝油的含量），还含有维生素 K、胡萝卜素及多种矿物质。沙棘果油可抗辐射、抗疲劳、增强机体活力；能降低胆固醇水平、软化动脉血管、缓解心绞痛的发作；对放射病、皮肤烧伤、冻伤、刀伤、溃疡、食管癌、宫颈糜烂也有一定疗效。沙棘果油碘值（以 I 计）为 160 ～ 190 g/100 g，含硬脂酸 1.0% ～ 2.9%、棕榈烯酸 ≥ 6.8%、油酸 ≥ 20.0%、亚油酸 ≥ 32.5%、亚麻酸 ≥ 27.0%、植物甾醇 1100 ～ 1300 mg/100 g、不皂化物 1.0% ～ 3.5%；类胡萝卜素 ≥ 50

万 IU/100 g、维生素 E ≥ 70 IU/100 g、维生素 K ≥ 120 mg/100 g、维生素 A ≥ 23 万 IU/100 g；微量元素铁 0.51 mg/100 g、锌 0.19 mg/100 g、钙 0.85 mg/100 g。

22. 花椒籽油

花椒籽油是以花椒的副产物花椒籽为原料，应用仁壳分离、现代冷浸制油和精炼技术精制而成，富含人体不能合成的必需脂肪酸，是一种高级保健食用油和添加剂，既可当普通调和油烹饪时使用，也可添加在各类食品中。花椒籽年产量超过 300 万吨，花椒籽含油量达到 27% ～ 31%，并且含有与花椒皮相似的挥发性风味成分，是具有发展潜力的特色木本油料和油脂资源。油脂是花椒籽的主要化学成分，其中，皮油和仁油分别占 6% 和 20% ～ 25%。花椒籽的油脂含量处于大豆与花生之间，说明其属于中等含油量油料。花椒籽油的主要成分为硬脂酸、油酸、棕榈油酸、软脂酸、亚油酸、α - 亚麻酸，分别占比 1.34%、2.90%、5.77%、13.55%、25.50%、50.94%。花椒籽油具有丰富的不饱和脂肪酸，花椒籽油中的亚油酸 : 亚麻酸为 1 : 2 左右，可大幅度提高调和油中亚麻酸的比例，使调和油中各组分比例趋近于 WHO 所推荐的合理比例。花椒籽油中天然薄荷酮含量高达 1%，解决了亚油酸、亚麻酸易氧化变质的难题，同时也可以延长调和油的保质期。动物研究发现，食用花椒籽油能够有效降低高脂大鼠的总甘油三酯、总胆固醇水平，升高高密度脂蛋白胆固醇水平，可以起到防治动脉粥样硬化的效果。花椒植物中富含的不饱和脂肪酸、蛋白质、矿物质具有显著的药用价值，能够有助于防治皮肤病、心血管疾病和感染性疾病。新鲜花椒籽压榨油不仅香味浓郁，麻味也很强烈，可以作为优良的花椒风味油进一步开发。花椒籽油毒性实验表明，花椒籽油安全无毒副作用。

（三）陆地动物油

动物油含饱和脂肪酸和胆固醇较多。过多食用动物油易引起高血压、动脉粥样硬化、冠心病、高脂血症及心血管疾病，老年人、肥胖人群和心血管疾病患者食用要有节制。与一般植物油相比，动物油中有不可替代的特殊香味，可以增进人们的食欲。油脂香气成分是其微量成分，含量一般在油脂总量的 1% 以下，却构成其各自特征香气。动物油具有促进脂溶性维生素 A、维生素 D、维生素 E、维生素 K 等吸收的作用。适量的胆固醇对人体也十分重要。胆固醇是人体细胞膜的重要成分，可调节细胞膜的流动性，还是合成胆汁和某些激素的重要原料。

对于猪油、牛油、羊油等陆生动物油来讲，饱和脂肪酸、单不饱和脂肪酸和多不饱和脂肪酸的比例基本为 1 : 0.5 : 0.1，饱和脂肪酸占了大部分，各类饱和脂肪酸质量分数之和通常都在 60% 以上，从饱和脂肪酸对人体健康的影响来看，应该少用。从动物油的详细分析结果中发现，猪油、牛油、羊油中都含有微量的奇数碳原子饱和脂肪酸，如十三烷酸、十五烷酸及十七烷酸等，其生物活性功能还有待进一步研究。对于鸡油而言，饱和脂肪酸、单不饱和脂肪酸和多不饱和脂肪酸的比例基本为 1 : 1.5 : 0.5，单不饱和脂肪酸质量分数之和为 50%，饱和脂肪酸为 33%，多不饱和脂肪酸为 17%。动物油的主要脂肪酸组分相同，即动物油主要由软脂酸、硬脂酸、油酸、亚油酸和肉豆蔻酸 5 种脂肪酸组成，它们在鸡油、牛油、鸭油、羊油和猪油中的总含量分别为 92.1%、93.5%、93.5%、90.6% 和 95.6%。动物油中含有少量奇数碳原子脂肪酸，即十五烷酸、十七烷酸和十七碳一烯酸。这三种脂肪酸在鸡油、牛油、鸭油、羊油和猪油中的总含量分别为 0.26%、2.94%、0.22%、5.23% 和 0.48%，远高于植物油。

1. 猪油

猪油又称为荤油或猪大油，常温下为白色或浅黄色固体。猪油主要由饱和高级脂肪酸甘油酯与不饱和高级脂肪酸甘油酯组成，其中饱和高级脂肪酸甘油酯含量更高，熔点为 28 ~ 48℃，具有猪油的特殊香味，低温下即会凝固成白色固体油脂。每 100 g 猪油含脂肪 99.6 g、胆固醇约 100 mg、维生素 A 27 mg、维生素 B_2 0.03 mg、维生素 E 5.2 mg、碳水化合物 0.2 g。在动物油中，猪油是胆固醇含量最低的油脂，而精炼过的猪油每 100 g 只含胆固醇 50 mg。猪油的饱和脂肪酸含量为 46.79%，其中肉豆蔻酸 1.4%、软脂酸 27.9% ~ 28.7%、十七烷酸 0.24%、硬脂酸 13.1% ~ 19.8%；不饱和脂肪酸含量为 57.0%，其中棕榈油酸 2.1%、油酸 34.6% ~ 43.0%、11-十八碳一烯酸 2.4%、亚油酸 9.4% ~ 11.1%、花生二烯酸 0.3%、花生一烯酸 0.6%、芥酸 1.35%，亚麻酸只有约 0.3%。对金华猪胴体背最长肌、背膘、板油 3 个部位和猪油的脂肪酸组成进行分析，结果表明，肌内脂肪、背膘、板油中的饱和脂肪酸、单不饱和脂肪酸和多不饱和脂肪酸的比例分别为 1 ： 1.16 ： 0.11、1 ： 0.99 ： 0.22 和 1 ： 1.06 ： 0.23。

2. 牛油

食用牛油是指从牛的脂肪组织，包括牛板油、内脏脂肪、组织及器官上的脂肪炼制成的油脂。从牛奶中提炼出来的黄油，中国香港和澳门地区多称作牛油，是由未均质化之前的生牛乳顶层中牛奶脂肪含量较高的一层制得的奶油。使用牛的脂肪组织为原料提炼出油脂，有特殊的难闻气味，需经熔炼、脱臭后才能使用。目前工业化生产的牛油是使用牛的脂肪组织为原料，利用湿法工艺，经脱胶、脱酸等二十几道工序加工而成的。牛油是一种高熔点的油脂，内含多种脂肪酸，以饱和脂肪酸含量最高，具有良好的稳定性和风味，经济价值较高。牛油色泽较浅，熔点为 40 ~ 46℃，高于体温，不易被消化，碘值低于 50 g/100 g。虽然牛油不宜直接食用，但它能使糕点起酥，故在欧洲国家制作西式糕点时，常用作起酥剂。牛油富含维生素 A，而且容易吸收，同时还含有其他脂溶性维生素 E、维生素 K 和维生素 D；牛油富含微量元素，尤其是抗氧化物硒，牛油所含的硒比大蒜还多；牛油也含有碘，这是甲状腺所需的物质。

牛油有少量但比例均衡的 ω-3 和 ω-6 多不饱和脂肪酸。牛油的脂肪酸组成分析表明：饱和脂肪酸的含量为 52.1% ~ 65.7%，主要为软脂酸 30%、硬脂酸 25% 和肉豆蔻酸 5%，还含有相当可观的酪酸（又名丁酸），可作为大肠的能源，也是已知的抗癌物质，另一种中链脂肪酸月桂酸，具有抗细菌和抗霉菌的作用；不饱和脂肪酸中油酸的含量较高，达20%以上；人体必需脂肪酸亚油酸、亚麻酸较少，不能满足人体对必需脂肪酸的需求。

采用气相色谱法对河南和内蒙古产牛油的脂肪酸组成成分进行测定，河南产牛油中主要的饱和脂肪酸分布如下：月桂酸0.25%、肉豆蔻酸5.73%、十五烷酸0.71%、软脂酸29.31%、硬脂酸21.95%、花生酸0.18%、山萮酸0.18%；单不饱和脂肪酸分布如下：棕榈油酸1.81%、油酸20.37%；多不饱和脂肪酸分布如下：亚油酸2.70%、α-亚麻酸0.68%。内蒙古产牛油中主要的饱和脂肪酸分布如下：月桂酸0.31%、肉豆蔻酸3.86%、十五烷酸0.75%、软脂酸29.56%、硬脂酸24.88%、花生酸0.14%、山萮酸0.24%；单不饱和脂肪酸分布如下：棕榈油酸1.67%、油酸23.85%；多不饱和脂肪酸分布如下：亚油酸2.10%、α-亚麻酸0.71%。

牛油中含有的生育酚总量小于1.8 mg/100 g，明显低于所有植物油，因此牛油在储藏期间要注意防止氧化酸败。虽然如此，但牛油的氧化稳定性较高，这与牛油饱和脂肪酸含量高有很大的关系。在100℃条件下，河南、内蒙古产牛油的氧化诱导期为4.60 h和7.65 h，远高于亚油酸类型的植物油。

3. 羊油

羊油为白色或微黄色蜡状固体，相对密度为0.943～0.952，熔点为42～48℃，皂化值为194～199。羊油的脂肪酸主要成分为油酸17.7%、硬脂酸38.7%、软脂酸20.9%、11-十八碳一烯酸6.67%、亚油酸1.57%、亚麻酸0.92%、芥酸2.12%。羊油味甘、性温、无毒，有补虚、润燥、祛风、化毒的作用。羊油可用于治疗虚劳、消瘦、肌肤枯憔、久痢、丹毒、疮癣等症。羊油内服可烊化冲服，外用熬炼入膏药涂敷，外感不清、痰火内盛者忌作药用。

4. 鸡油

鸡油是用鸡腹腔里的脂肪熬炼出来的油脂，呈浅黄色，在烹制菜肴时作用与香油相似，具有增香等作用。鸡油不饱和脂肪酸含量约为68%，略低于鱼油，鸡油的生产成本远远低于深海鱼油，更适合大众消费。鸡油的营养物质大部分为蛋白质和脂肪，鸡油中的胆固醇含量较高，吃多了会导致身体肥胖。精炼纯鸡油的加工过程科学合理，最大限度地保留了鸡油的天然风味，同时不饱和脂肪酸含量高，具有较高的营养价值。鸡油中欠缺钙、铁、胡萝卜素、烟酸、维生素 B_1、维生素 B_2 等多种维生素和粗纤维。另外，某些非法养殖者在鸡饲料中添加激素，导致鸡油中激素残留，也会影响人体健康。精炼过程中鸡油可检测出 16 种脂肪酸，从单一脂肪酸含量上来看，鸡油的油酸含量最高，其次是软脂酸。鸡油脂肪酸主要成分为软脂酸 27.4%、硬脂酸 6.43%、油酸 41.4%、11-十八碳一烯酸 1.82%、亚油酸 15%、亚麻酸 0.53%、花生四烯酸 0.25%、芥酸 0.49%，其中油酸和亚油酸含量较高，单不饱和脂肪酸总含量高于多不饱和脂肪酸总含量。另外，鸡油中还含有少量的奇数碳原子脂肪酸，主要是十七烷酸和 十七碳一烯酸。鸡油的香气成分，如丙醇、乙酸甲酯、己烷、乙酸异丙酯、3 - 甲基丁醛、2,3- 戊二酮和己醇加工前后均发生明显变化，其中乙酸异丙酯的气味描述为乙醚，不适合于食品。加工过程能减少鸡油中的乙醚气味，增加令人愉悦的香气成分。精炼纯鸡油以科学的生产加工方式最大限度地保留了其天然纯正的品质和高营养价值，成为鸡精（鸡粉）、鸡汁调味品行业的核心基料，可以广泛应用于鸡精（鸡粉）、鸡汁调味品、餐饮、方便面调味包、肉制品、膨化休闲食品、饼干等中。

5. 鸭油

鸭油原料来源丰富，其不饱和脂肪酸含量比猪油、牛油、羊油高，具有开发应用前景。在最佳条件下提取的鸭油中饱和脂肪酸含量为 23.87%，以软脂酸和硬脂酸为主，分别为 18.58% 和 3.97%，其次是花生酸和肉豆蔻酸，月桂酸含量很少；不饱和脂肪酸含量丰富，占 60.30%，以油酸、亚油酸和棕榈油酸为主，分别为 37.59%、18.35% 和 3.07%，其次是亚麻酸和花生四烯酸，难消化的芥酸含量极少；多不饱和脂肪酸含量为 19.60%，以亚油酸为主，多不饱和脂肪酸与饱和脂肪酸之比约为 0.82∶1，非常利于消化吸收。家禽类油脂中不饱和脂肪酸含量高，胆固醇含量低，作为人类食物对降血脂、抗氧化、抗疲劳、抗辐射、提高缺氧耐受力等均有有利作用。鸭油用于动物饲料中，不仅能提供动物自身不能合成的必需脂肪酸，还能改善饲料的适口性，促进脂溶性维生素的利用，提高畜禽生产能力，饲料用鸭油酸价应低于 7 mg/g，过氧化值应低于 0.22 g/100 g。

6. 马油

马油取自高寒地区马的鬃毛、尾巴根部、腹部，主要是马脖处的脂肪的混合物。马油含有 70% 以上的不饱和脂肪酸，其中必需脂肪酸占 25%，以及维生素 E、维生素 A，胆固醇含量极低。动物脂肪中与人体脂肪极为接近的只有马油（脂），它的亲和力极佳。马油最大的特点是具有强大的渗透力，能让肌肤快速吸收，并与人体脂肪融为一体，经过血液渗透到皮下组织，有效促进血液循环，加速新陈代谢。马油在我国的应用已经有 4000 多年的历史，作为药用已获得人们的认可，以前大多用于火伤、刀伤、冻伤及按摩。马油可促生毛发，预防冻伤、雀斑、手脚冻裂等皮肤疾病，对神经痛、肌肉痛及半身不遂引起的颜面麻痹也有效。马油可有效清除自由基、抑制黑色素的形成，能够增强皮肤细胞的再生能力。古代没有护肤品时，马油就被广泛应用于美容领域，被称为生活必备的"万能油"，对各种皮肤疾病和美容均有疗效。

7. 蚕蛹油

在昆虫的油脂中，仅有蚕蛹油是可食的。我国年产家蚕茧约 65 万吨，占世界蚕茧总产量的 70% 以上，其中鲜蛹产量可以达到 50 万吨，缫丝后可得干蚕蛹 12 万吨，此外还有蓖麻蚕、柞蚕等野蚕生产的蚕蛹近 2 万吨。家蚕蛹含有大量的油脂，不饱和脂肪酸含量高，具有较高的营养保健价值。大量的科学检测数据显示，蚕蛹富含脂类成分，占其干质量的 25% ～ 30%。蚕蛹油中不饱和脂肪酸含量高达 89.8%，与饱和脂肪酸之比为 9∶1。在不饱和脂肪酸中，单不饱和脂肪酸占 38.0%，多不饱和脂肪酸占 51.8%。在多不饱和脂肪酸中，雌蛹中相对含量最高的为 α - 亚麻酸，其相对含量一般高于 40%，最高的品种高达 45.59%，最低的品种为 36.66%，亚油酸含量为 8.6%。雄蛹中相对含量最高的脂肪酸为 α - 亚麻酸，其中最高的品种高达 38.50%，最低的品种为 32.37%。用有机溶剂从蚕蛹中提取蚕蛹油，并将蚕蛹油经脂交换后做成乙酯，再进行富集提纯，制备的 α - 亚麻酸乙酯中的 α - 亚麻酸含量高达 71.5% ～ 83.9%。由此对桑蚕资源进行了二次利用，减少了环境污染，具有很好的社会与经济效益。蚕蛹油 α - 亚麻酸乙酯已获得作为药品的批准文号，可作为药品使用。但目前国内有的厂家的相关提取技术和设备还不完善，有的蚕蛹油的一些性能尚达不到要求，特别是缫丝后的蚕蛹制油，加工时蚕蛹异味较重，影响质量。

（四）海洋动、植物食用油来源

由于 ω-3 多不饱和脂肪酸中的 EPA 和 DHA 主要来源于深海鱼，海鲜食品，海豹、海狗等海兽，南极磷虾和海洋微藻，来源于海洋的动物油和微藻油一直受到人们的重视。2016 年全球海洋来源的油脂总供给量约为 8.85 万吨，普通精炼鱼油占 46.3%，浓缩鱼油占 20.4%，微藻油占 13.8%，磷虾油占 6.3%，

1. 深海鱼油

深海鱼主要集中在美国、澳大利亚、新西兰，以及北欧国家等，深海鱼的品种主要有老虎斑、青斑、粉斑、加力鱼、马加鱼、红利鱼等。一般把水深超过 200 m 的中下层鱼类，称为深海鱼。深海鱼生活的环境压力比较大，温度低，另外受污染的程度也较低。国际市场上的鱼油产品可分为两大类：一类是直接用大西洋鳕鱼油之类的精炼鱼油加工而成的；另一类是多种含多不饱和脂肪酸成分（主要是 EPA 和 DHA）的鱼油分离加工所得的产品。深海鱼随季节、产地不同，鱼油中的 EPA、DHA 含量在 4% ～ 40% 波动。一般鱼油中的 DHA 和 EPA 含量不高，由此对鱼油的最低要求标准是：DHA 含量 12%，EPA 含量 18%。对高质

量鱼油中 DHA 和 EPA 总含量最高的设计标准为 52.5%，最佳鱼油为：在 1 g 鱼油中，含 ω-3 多不饱和脂肪酸 600 mg，其中 EPA 290 mg，DHA 235 mg，混合天然生育酚 2 mg。

由于深海中温度低，深海鱼的鱼油中脂肪酸双键数目必须多。深海鱼通过食物可在体内积累含 5 个双键的 EPA 和含 6 个双键的 DHA，以保证脂肪不凝固和细胞膜的流动性。鱼类的食物链由海藻开始，海藻中含有大量的 α-亚麻酸、EPA 和 DHA，鱼、虾、贝、蟹类食用后在体内积累含高 EPA 和 DHA 的鱼油、虾油等物质。深海大鱼以小鱼为食，EPA 和 DHA 在体内进一步蓄积，EPA 和 DHA 含量更高。

目前在市场上销售的鱼油产品在品质和含量上差异非常明显。如使用超临界 CO_2 萃取鳕鱼的脊椎、头和内脏，对鳕鱼这些部位萃取出的鱼油进行分析，结果表明，脊椎、头和内脏的鱼油中 EPA 含量分别为 8.7%、7.3% 和 7.9%，DHA 含量分别为 6.3%、6.4% 和 6.0%；使用浸泡和变压技术从印度鲭鱼的不同部位（鱼肉、头、内脏）提取鱼油，获得最好的 EPA、DHA 结果也只是 9%～12%、10%～14%。

由于天然获取的鱼油中 ω-3 多不饱和脂肪酸含量不高，功效不一，甚至在出售的、少数标示为进口的深海鱼油制品实际上是在植物油中加入极少量的鱼油。目前在国际上粗鱼油总产量中实际上仅有 20%～30% 被用于进一步加工成各种保健食品和药品，大量粗鱼油用作海产养殖业的饲料添加剂，如用于养殖国际市场销售价格较高的虹鳟和三文鱼等高级食用鱼类。尽管深海鱼油还在热销，但其缺点也很明显，深海鱼油存在以下几个问题：

（1）鱼油含量较低且不稳定。天然鱼油 EPA 和 DHA 含量不高，一般 EPA 和 DHA 在鱼油中含量波动较大，总含量只有 10%～25%。

（2）由于海洋污染，鱼油中重金属和农药残留往往超标。近几十年来，海洋污染日趋严重，海洋产品中重金属和农药残留往往超标。由于人体内缺乏相应解毒的酶，对深海鱼油中由于污染带来的并富集的甲基汞和一些农药无法"解毒"，摄入后效果可能适得其反。国外对食品中的重金属和农药残留规定严格，因而在国外已禁止儿童摄入鱼油。成人摄入鱼油也应对产品中的污染指标进行关注，如多氯联苯可导致癌症、引起生育系统紊乱、破坏神经系统，按照美国加州第 65 号法案，鱼油生产厂家必须向消费者说明产品内多氯联苯的含量。而对其他污染物的标准还在研究之中，如科学家尚未对鱼油中所含聚乙烯苯的比例做出安全量标准的规定。

（3）鱼油易被氧化。鱼油中的 EPA 有 5 个双键、DHA 有 6 个双键，而 α - 亚麻酸仅 3 个双键，双键越多越易受自由基的攻击，产生的脂质过氧化物对细胞膜具有破坏作用，进而影响免疫细胞膜的结构和功能。EPA 和 DHA 结构中不稳定的双键多，极易被氧化为过氧化物而对人体产生危害，为此在鱼油的加工过程中为防止氧化，需要添加维生素 E 等抗氧化剂，且产品要注意保存时间不能过长。

（4）鱼油加工工艺复杂，需要进行精炼。现已发现，由于鱼油纯度不高，可能含有多种对人体有害的活性物质，需要深入研究。如已发现在一些不纯的鱼油中，含有对血管壁有害的物质，粗鱼油必须经过加工处理才可服用。加工提纯的第一步要进行脱胶，在粗鱼油中加酸，除去蛋白质和磷脂等胶溶性杂质；第二步碱炼，加碱从粗鱼油中除去游离脂肪酸；第三步吸附除杂质，先用漂土脱除色素和其他杂质，包括某些污染物，再用活性炭选择性地去除多氯联苯、二噁英，用硅材料去除像铁、铜之类的金属；第四步冬化处理，以去除较高熔点的甘油三酯（硬脂酸酯）。鱼油精炼的最后一步是脱臭，在真空 133 ~ 399 Pa 的条件下将鱼油加热到 150 ~ 190℃，并用高真空蒸汽蒸馏法去除具有强烈鱼腥味的挥发性物质。

（5）鱼油本身是甘油三酯。把深海鱼油当作正常饮食外的保健品服用，无疑增加了人们饮食中的热量摄入，大量服用不利于人体健康。

另外，海洋污染不利于鱼类的生存，再加上鱼捕捞过度等问题的出现，富含 ω-3 多不饱和脂肪酸的深海鱼正在逐年减少，满足不了人们健康和饲料加工的需要。

2. 海洋多脂鱼油

一般来说，带鱼、鲳鱼、鲅鱼、金枪鱼、沙丁鱼、偏口鱼、鱿鱼等，都属于不可养殖的鱼种，体内都含有较多的 ω-3 多不饱和脂肪酸。EPA 和 DHA 主要存在于多脂鱼中，如三文鱼和沙丁鱼。5 种含有 ω-3 多不饱和脂肪酸最多的海鲜为：第一名是沙丁鱼，每 85 g 沙丁鱼中约含有 1.95 g 的 EPA 和 DHA；第二名是三文鱼，三文鱼是一种鳞小刺少、肉色橙红、肉质细嫩鲜美的深海鱼，研究发现，每 85 g 野生的三文鱼中约含有 1.06 g 的 EPA 和 DHA；第三名是金枪鱼，每 85 g 金枪鱼中约含有 900 mg 的 EPA 和 DHA；第四名是淡菜，每 85 g 淡菜中约含有 700 mg 的 EPA 和 DHA；第五名是虹鳟，每 85 g 虹鳟中约含有 630 mg 的 EPA 和 DHA。日本人的长寿在世界名列前茅，得益于长期食用海产品，普通日本人平均每日吃鱼量为 78.3 g，而日本冲绳人平均每日吃鱼量为 147.7 g，因此其心脑血管的发病率低。

3. 海豹油

目前市场上出售的海豹油胶囊具有调节血脂的保健功能，但海豹油也存在问题。

（1）优点。天然提取的海豹油中，ω-3 多不饱和脂肪酸含量比深海鱼油高，为 20% ~ 25%，其含量为动物之最，但作为保健用品其含量仍然较低。海豹油中除了 EPA 和 DHA 外还含有 5% ~ 6% 的 DPA，而鱼油几乎不含 DPA；海豹油中还含有一定量对健康有益的角鲨烯和维生素E。由于海豹与人同是哺乳动物，而鱼类是低等冷血动物，海豹油比鱼油的吸收利用率高。这是因为哺乳动物体内的 ω-3 多不饱和脂肪酸在甘油三酯上的位置与鱼类不同。哺乳动物的 ω-3 多不饱和脂肪酸在甘油分子两头的 1,3 位羟基上，而鱼类则在甘油分子中间位置的 2 位羟基上。在人体的消化过程中，1,3 位羟基上的 ω-3 多不饱和脂肪酸容易被脂酶作用，分解为游离状态的脂肪酸，而更易被人体吸收。此外，目前海豹油中几乎不含胆固醇和重金属。

（2）缺点。由于海豹合法宰杀量有限，海豹油产量极为有限，在

2006—2010 年每年还不到 1 万吨。由于商业屠杀海豹惨不忍睹，已遭到许多人的反对。根据沿海一些地区执法部门的抽查结果表明，市售海豹油产品同样存在竞争无序、炒作概念等问题，造成假货多。一些公司居然声称，其产品是直接进口整头海豹在中国提炼、加工生产的，这显然有违国际上对海豹作为产品出口的禁令。

4. 海狗油

海狗油富含足量的以 DHA、EPA、DPA 为主的多不饱和脂肪酸，是从海狗脂肪里提取后经现代高科技工艺加工而成的营养食品。其 ω-3 多不饱和脂肪酸的含量高达 25%，加之北极洁净无污染的自然生态环境，海狗油成为大自然中最好的 ω-3 多不饱和脂肪酸的来源。因此，海狗油被国际医学界视为一种有相当价值的珍贵滋补营养品资源。海狗油可促进大脑及神经系统生长发育，调节胰岛素分泌，有效预防并减少心血管疾病的发生，对免疫性疾病也有帮助。海狗油具有抗疲劳、滋阴补阳、补血益气、养颜美肤的功效。海狗油含有鱼油中不存在的角鲨烯，故能有效地抑制致癌物的产生。海狗油还对治疗伤风、支气管炎、哮喘、皮肤病等有很好效果。

海狗与海豹分属不同科，其皮脂较薄，提炼难度较大，纯度难以保证。海狗油的主要问题是：海狗为国际严禁捕杀物种，捕杀野生海狗是不允许的。因此，目前市场上的海狗油产品相当一部分并不是海狗油，而只是对海豹油的误称。

5. 南极磷虾油

南极磷虾油富含 EPA、DHA、类黄酮、维生素 A、维生素 E 和虾青素等。南极磷虾的可捕捞量是世界现有渔业产量的 1 倍以上，南极磷虾是地球上数量最大的单体生物资源，南极磷虾数量在 1.25 亿吨～7.25 亿吨，年可捕捞量在 0.15 亿吨～1.00 亿吨。南极磷虾油的 EPA、DHA 大部分都跟磷脂结合，EPA、DHA 是组成南极磷虾油中的磷脂和胆固醇酯的重要脂肪酸，纯南极磷虾油中的磷脂含量为 40%～60%，磷脂含量高意味着 ω-3 多不饱和脂肪酸含量也高。南极磷虾油的主要营养成分就是磷脂、ω-3多不饱和脂肪酸和虾青素，具有降血脂、抗氧化、提高记忆力、降血糖、降脂肪肝的生理功效。动物实验表明，南极磷虾油能较好地降低高脂大鼠的甘油三酯、胆固醇和低密度脂蛋白胆固醇水平，提高血清中一氧化氮的含量，提高超氧化物歧化酶的活性，降低可以反映机体脂质过氧化速率和强度的丙二醛的水平，在降低动脉粥样硬化指数方面优于深海鱼油。南极磷虾油中的ω-3多不饱和脂肪酸不同于鱼油和鱼肝油中以甘油三酯形式存在的ω-3多不饱和脂肪酸，更利于人体吸收。由于南极磷虾油含有维生素E、维生素A、维生素D和类似于虾青素的一种强力抗氧化剂角黄素，若以氧自由基吸收能力为对比标准，南极磷虾油的抗氧化能力是鱼油的48倍多。

南极磷虾在食品和保健品中的应用研究主要集中在虾粉、南极磷虾肽、南极磷虾油、调味食品等方面，尤其是在南极磷虾油的开发与利用上。南极磷虾油组分复杂，品质容易受成熟度、海域、季节及制取精炼油的工艺条件等影响，所以南极磷虾制油标准化和规模化需要一段时间。南极磷虾油对抑制膝关节疾痛和高血压有疗效。南极磷虾油的副作用有胃灼烧、口腔异味、胃部不适、恶心、腹泻等，孕妇、哺乳期妇女、肝肾功能不佳者、海鲜过敏者禁用。

6. 海洋微藻和海洋细菌

目前人们摄取的EPA和DHA主要来源于深海鱼油，但其实鱼类本身并不能合成ω-3多不饱和脂肪酸，海洋食物链中的海洋微生物才是多种多不饱和脂肪酸的原始生产者。鱼类是通过吞食富含ω-3多不饱和脂肪酸的微藻类后，在体内实现ω-3多不饱和脂肪酸的积累，因此人们应该将寻求多不饱和脂肪酸的目光集中于微生物资源。微藻通常是一类含有叶绿素的水生微生物，如螺旋藻便是其中一种。微藻中油脂含量较高，中性脂的含量占细胞干重的20%～50%，少数微藻可达75%，单位产油量显著高于农业油料作物。因此，微藻油被认为是最具发展潜力的油脂资源。另外还发现一些真菌也具有生产多不饱和脂肪酸的能力。海洋微藻生长繁殖快速，自身合成并富集高浓度的ω-3多不饱和脂肪酸，具有大规模生产 ω-3 多不饱和脂肪酸的潜力，应是廉价的 EPA 和 DHA 的来源，因此利用微藻生产 ω-3 多不饱和脂肪酸是一个非常有前途的研究方向。

在海洋微藻藻体中，ω-3 多不饱和脂肪酸的含量高于鱼油中的含量，利用微藻提取 ω-3 多不饱和脂肪酸工艺简单，还不含胆固醇成分，是人类获取 ω-3 多不饱和脂肪酸的潜在来源。由于微藻油可从人工培育的海洋微藻中提取，应该将其作为世界上最纯净、最安全的 DHA 来源之一。但是大部分微藻细胞壁是由纤维素和果胶组成，比较坚韧，阻碍细胞内油脂的萃取，因而在微藻油萃取前需对微藻进行破壁处理以提高微藻油提取率。另外，油脂在微藻细胞中的分布和组成受微藻种类及生长环境的影响，很难采用统一的方法高效萃取微藻油。为了更好利用微藻，对藻类油脂进行了分析，结果如下：绿藻纲藻类的油脂总量较高，所含脂肪酸属于 ω-3 多不饱和脂肪酸的十六碳四烯酸，含量超过 10%；甲藻纲藻类的 DHA 和十八碳五烯酸的含量较高；硅藻纲藻类的 EPA 含量较高；金藻纲藻类的总脂含量占干质量的 8.5%～46.3%，其 DHA 含量均高于 10%；黄藻纲藻类的脂肪酸则以 EPA 和软脂酸为主。

目前科学工作者只完成了小部分海藻的研究和试生产工作。如美国已有公司筛选出一种异养藻株，在机械搅拌罐培养 64 h 后，藻体浓度达到 45～48 g/L，藻油含量高达干重的 50%，EPA 产量达脂肪酸总量的 4%～5%，EPA 产量达到每天 0.25 g/L。筛选出的一种能生产 DHA 的藻株，在发酵罐中培养 60～90 h 后，藻体浓度达到 40 g/L，脂肪酸含量为 15%～30%，其中 DHA 占 20%～35%，DHA 产量为每天 1.2 g/L。微藻油可在大型不锈钢罐中人工培育，用亚临界生物技术提取分离，整个生产过程自始至终都应该完全按照药品生产质量管理规范（GMP）进行，排除了环境污染的风险。海洋微藻是自然界中 ω-3 多不饱和脂肪酸的重要初级生产者，采用高效生物反应器生产富含 ω-3 多不饱和脂肪酸的微藻，其作为代替鱼油生产 ω-3 多不饱和脂肪酸的新途径已得到国际上的公认。研究发现，从钝顶螺旋藻和真核紫球藻中筛选出的抗性藻株，在藻株体内能产生大量的 ω-3 多不饱和脂肪酸。若将这些干燥海藻作饲料，还可获得富含 DHA 的动物制品。目前一些发达国家已有藻油生产并将其作为商品出售，孕妇、哺乳期妇女和儿童食品中已开始用藻油作为 DHA 的来源。但是目前由于工业生产的技术还不成熟，藻油的价格还是比鱼油高。

微藻的很多品种可以在海洋的环境下分离获得，纯种的微藻可以通过生物工程的方法进一步进行筛选，根据需要驯化成为富含 DHA 且不含 EPA 或只含 EPA 的藻种。国外已有公司采用基因工程生产 DHA 含量达到 40% 以上的藻油。藻油目前已被获准作为某些食品的添加剂使用而不是独立地作为 DHA 补充剂来长期食用。但是食用藻油也要注意质量，现在市场上的藻油，经有关权威检测部门的检测，发现有些产品中饱和脂肪酸肉豆蔻酸和月桂酸含量高达 22%，相当其 DHA 含量的一半，这些饱和脂肪酸会升高胆固醇和破坏血管内膜。因此，国家相关机构应对藻油保健品制定其中肉豆蔻酸的限量标准，强制执行藻油保健品标示肉豆蔻酸含量。

海洋细菌也含有 ω-3 多不饱和脂肪酸。1973 年，在海洋细菌中发现有多不饱和脂肪酸存在，1977 年从海洋细菌中得到 EPA，从而证明原核生物也具有合成多不饱和脂肪酸的能力。具有多不饱和脂肪酸生产能力的海洋细菌多为深海细菌，主要分布在深海海水和沉积物中，通过 DNA 序列分析，这些海洋细菌为革兰氏阴性菌。目前，商业用于生产多不饱和脂肪酸的主要菌种有裂殖壶菌和隐甲藻菌，它们的多不饱和脂肪酸含量高，氧化稳定性好，资源丰富，成分单一。研究证实，细菌中脂肪酸组成与微生态环境之间有密切的关系。产生多不饱和脂肪酸的海洋细菌均生活于低温环境，低温是产生 EPA、DHA 的必要条件之一，多不饱和脂肪酸的存在是低温下生物体内脂肪不凝固、细胞膜有流动性的保障。微生物本身具有低成本、培养迅速、生产周期短、可以规模化生产等优点，因而有着非常广阔的前景。

（五）鲟鳇鱼油

　　淡水鱼大多生长周期短，食物中 ω-3 多不饱和脂肪酸含量低，故一般在鱼体中 ω-3 多不饱和脂肪酸的含量也低。淡水鱼以植物饵料为食，这些淡水植物多含亚油酸，而亚油酸是不能变成 EPA、DHA 的。如果在淡水鱼的饵料中加入含 α-亚麻酸的亚麻籽和紫苏油，就可以使淡水鱼鱼油中 EPA 和 DHA 的含量增加，不但使鱼生长得更健康，也使鱼的营养价值进一步提高，这在当前养殖业中已引起重视。

　　但在寒冷的黑龙江生存着的有上亿年进化史的鲟鳇鱼是个例外。鲟鳇鱼生长周期长，体重可达几百斤至上千斤，有淡水鱼王的美称，过去是向皇帝敬献的贡品。据中国科学院海洋研究所检测，鲟鳇鱼肌肉中含有 8 种人体必需的氨基酸，脂肪中含有 12.5% 的 DHA 和 EPA，对软化心脑血管、促进大脑发育、提高智商、预防阿尔茨海默病具有良好的功效。鲟鳇鱼肉鲜味美，骨脆而香，全身几乎没有废料，胃、唇、骨、鳔、籽都是烹制名菜的上等原料。鲟鳇鱼在温度低的水底层游动，以底层水生昆虫幼虫、小型鱼类为食，虽然一般淡水鱼中 DHA 和 EPA 的含量不高，但鲟鳇鱼是淡水鱼中 DHA 和 EPA 含量较高的代表鱼种。由于其原始古朴的外形 2 亿年来几乎没有改变，故有水中"活化石"之称。由鲟鳇鱼的卵加工而成的黑鱼子酱，经济价值极高，有"黑珍珠"的美誉，市场供不应求。2013 年之前，鱼子酱代表了奢华，但到了今天，鱼子酱在电商上的价格已经非常亲民。2014 年，中国科学院水生生物研究所突破了野生鲟锽鱼幼鱼的养殖技术，实现重大突破，开创了我国鲟锽鱼养殖产业，中国鱼子酱从 2014 年全球市场份额的 5% 以下，直接飙升至约 70%。另外鲟鳇鱼的软骨和骨髓（俗称"龙筋"）有抗癌因子，素有"鲨鱼翅，鲟鱼骨"之说。近年来在抚远市相继投资建成全国最大的鲟鳇鱼繁育养殖基地，全面实施人工繁育技术并取得了巨大成功。

（六） 创新开发新型油脂产品

当今，在注重质量安全的同时，食用油产品正在向多样化、健康化发展，其内涵不断丰富，外延不断拓展，以满足消费者不断增强的个性化需求。与传统的大宗食用油相比，小品种油料植物油存在供应稳定性、适口性等具体问题。比如秋葵籽油，从植物油本身来看，营养较为均衡，但来源不稳定，其独特的风味也很难直接吸引消费者长时间食用。因此，以大宗食用油为基料油，添加小品种油复配成营养更全面的食用油或许为小品种油料冷榨油的主要生产、营销方式。特种油脂是指利用特种油料生产的油脂，与常见的大宗油料生产的油脂相比，通常其不饱和脂肪酸、生物活性物质和微量元素等的含量更为丰富，对人体健康较为有利，因此被广泛应用于功能性高档食用油、营养补充剂、化妆品、药品及工业原料等方面。特种油脂作为普通食用油的一种延伸和创新，更为突出美味与营养特性，非常符合当代消费观念，能更多地提供人体无法合成、膳食中极易缺乏的各类必需脂肪酸。我国油料品种资源极为丰富，为发展特种油脂提供了充足的原料。

1. 开发不同结构功能性油脂产品甘油二酯

以廉价大宗植物油为基料油，开发不同结构功能性油脂产品，是当前油脂加工发展的一个重要内容，目前，国际上已成功商业化开发了十几种此类产品。以甘油二酯为例，其在人体内具有不积累和低能量特性，且与天然植物油通用性好。1999 年甘油二酯在日本就开始商业化生产，2000 年通过 FDA 认证，2002 年在美国推出甘油二酯产品，其后在世界多个国家获得生产许可，其在日本市场上已成为最畅销的健康油脂，约占油脂市场份额的 2%。

（1）甘油二酯是天然植物油的微量成分及体内脂肪代谢的内源中间产物，是公认安全的食品成分。近年来在市场上已有从甘油三酯制备的甘油二酯，其可作为食用油出售。甘油二酯是甘油三酯中一个脂肪酸被羟基取代的产物，甘油三酯是甘油分子中 3 个羟基均连有脂肪酸，而甘油二酯只是甘油分子两端羟基上，即甘油分子的 sn 编号的 1,3 位上连有脂肪酸。早在 2005 年，就研制出了 1,3- 甘油二酯含量高达 64% 的食用油，并被 FDA 认可。研究发现，膳食甘油二酯具有辅助降低体内甘油三酯进而减少内脏脂肪、抑制体重增加、降低血脂等作用，因而受到关注。甘油二酯食用油就是把大豆油、菜籽油等人们日常食用的油，用生物酶等进一步分解，把甘油三酯分解成 1,3- 甘油二酯，对人体的健康能产生有利作用。

（2）1,3- 甘油二酯可降低血液甘油三酯的浓度。人体摄入脂肪（主要是甘油三酯）后，在肠道酯酶的作用下先水解成 sn-2 甘油单酯，其在肠黏膜非流动层与 2 分子脂肪酸合成甘油三酯，再经淋巴进入血液循环。而 1,3- 甘油二酯在甘油的 2 位无脂肪酸，从而降低了甘油三酯的吸收与合成，继而降低血液甘油三酯的浓度。甘油三酯和甘油二酯都是食用油中的天然成分，其中甘油二酯按 sn 立体专一编号存在 3 种同分异构体：1,2- 甘油二酯、2,3- 甘油二酯和 1,3- 甘油二酯。由于甘油三酯、1,2- 甘油二酯、2,3- 甘油二酯在人体中不能彻底转换为能量，且在体内重新合成油脂而积累，从而引起肥胖。而 1,3- 甘油二酯能在体内分解成不能重新合成脂肪的 1- 单酰基甘油酯，通过 β - 氧化以能量的形式释放，不会在体内积累。1,3- 甘油二酯和传统的油脂在口感、色泽、风味上都没有差异，同时动物和人体实验都发现，富含 1,3- 甘油二酯的食用油能减少肥胖的发生，所以 1,3- 甘油二酯被公认为新一代的健康油脂。在食品领域的研究发现，1,3- 甘油二酯代替普通烹饪油后，不仅口感相同，还能增强风味，同时可改善面食、焙烤类食品的弹性和口味。在大米外表面涂一层甘油二酯，蒸煮后能够大大延长即食米饭的货架期，米饭外观晶莹剔透、组织完好，而且保持了大米的天然香味。甘油二酯还可防止肉类食品褪色和脱水，对肉类食品起到保鲜的作用。

（3）甘油二酯可以显著降低低密度脂蛋白、甘油三酯水平，升高高密度脂蛋白水平，从而对冠心病有很好的防治作用。甘油三酯是造成体内血栓形成的重要原因，1,3- 甘油二酯的大量摄入可以抑制甘油三酯的合成和转化，同时减少胆固醇的合成，从而降低凝血和动脉粥样硬化，抑制血栓。研究表明，1,3-甘油二酯的摄入对体内脂肪酶的活性有一定的影响，用1,3-甘油二酯代替甘油三酯可增加脂肪氧化，减少肝脏脂肪积累，缓解糖尿病、肾病，减少餐后高血脂，改善空腹血脂水平，因此在不减少能量摄入时，长期摄入含1,3-甘油二酯的食物，可以延缓糖尿病、肾病、肾功能的恶化，推迟开始使用透析的时间。

2. 开发对健康有积极作用的产品

长链多不饱和脂肪酸DHA、EPA和花生四烯酸对大脑、眼睛和心血管等的健康有积极作用，功能突出，强化这些脂肪酸功能性的植物油，是面向未来的新油品。强化来源是微藻油或鱼油，主要制约因素是强化成本。市场上的DHA产品主要来源于鱼油和微藻油。与鱼油相比，微藻油不含海洋污染物、无鱼腥味，是天然、安全的植物性DHA来源，有着更为广阔的市场应用前景。目前，微藻DHA已被广泛应用于保健品和食品行业。近年来，将微藻DHA添加于食用油成为一种新的应用趋势。在国际、国内市场上，已有相关产品出现，添加微藻DHA的功能性食用油为人们在日常生活中补充DHA提供了新的途径。研究表明，微藻DHA在常用烹调过程中稳定，不会对食用油的保质期、气味和口感等产生明显影响。微藻油具有较高的实际应用价值，作为一种新型功能性食品，微藻油有着广阔的市场前景。

3. 研究和开发植物来源的α-亚麻酸

乌桕是落叶乔木，由乌桕种仁榨取的液体油脂，称为梓油或桕油。梓油含有89.13%不饱和脂肪酸，其中α-亚麻酸和亚油酸含量分别占39.30%和30.77%。接骨木作为α-亚麻酸的木本植物油资源，其果实接骨木果含油量达36.7%以上，且质地优良，油中脂肪酸组成与常用食物油基本相同，α-亚麻酸含量高达22%以上。接骨木油及其深加工系列产品可作为高级保健营养品。美藤果原产于秘鲁亚马孙雨林，2006年被我国引进在西双版纳试种，目前已得到推广种植。美藤果仁含油量为50.8%，其中α-亚麻酸含量为45.62%。高原野生植物狼紫草含油量为

58.46%，其中 α - 亚麻酸含量为 26.88%。猕猴桃籽为猕猴桃加工的副产品，含油量为 22% ～ 24%，其中 α - 亚麻酸含量高达 63.99%。橡胶籽是天然橡胶产业中的副产物，含油量为 50%，其中 α - 亚麻酸含量为 20.2%。川西草原十字花科植物资源中的播娘蒿的种子中含有 α - 亚麻酸，有的含量可高达 37.62%。紫草种子油中脂肪酸以亚油酸和亚麻酸为主，其中 α - 亚麻酸含量为 30% ～ 32%。花椒籽的仁油中含 α - 亚麻酸 17% ～ 24%，已成为 α - 亚麻酸开发的新资源。黑加仑中含 α - 亚麻酸 14.75%。山核桃油中 α - 亚麻酸含量一般在 10% ～ 15%。马齿苋中 α - 亚麻酸含量可达 10% 以上。喜树是富含 α - 亚麻酸的植物新资源，其果实油脂中约含有 45.8% 的 α - 亚麻酸。轮叶戟是一种有开发前景的富含 α - 亚麻酸的植物。此外，紫花苜蓿等也含有 α - 亚麻酸。

4. 生产零或低反式脂肪酸食用油脂系列产品

一部分植物油传统上通过氢化成为专用油脂基料油，但氢化油存在反式脂肪酸含量高的问题，现在欧美已开发出新型催化技术、酯交换技术等，为生产健康专用油脂提供新的技术解决方案。特别是酶法酯交换技术，可商业化生产零或低反式脂肪酸食用油脂系列产品，2005 年已获得美国总统绿色化学挑战奖。脂肪酶生产成本的大幅降低，使其在经济上已具可行性，操作费用低于化学酯交换技术。

（七）油料饼粕的综合利用

榨油后的油料饼粕含有大量的蛋白、纤维素和其他多种营养物质。采用冷榨工艺榨油后的油料饼粕具有蛋白质变性程度低、营养价值高的优势。菜籽饼粕含蛋白质 35% ～ 45%，糖分 38%，脂肪 1.8% ～ 4.0%，还含有生物素、维生素 B_1、维生素 B_2、钙、硒、植酸和多酚等物质。花生仁平均含蛋白质 24% ～ 36%，与几种主要油料作物相比，仅次于大豆，而高于芝麻和油菜。花生蛋白质中约有 10% 的水溶性蛋白质，其余 90% 为碱溶性蛋白质。花椒籽饼粕中粗蛋白占 12.39%，与麸皮接近，还含有 63.5% 的粗纤维。茶籽饼粕中含有茶皂素 15% 左右，茶皂素又称为茶皂苷，是无色的微细柱状结晶体，具有吸湿性，味苦辛辣，同时还有刺激鼻黏膜的特性。茶皂素的用途很广，具有乳化、分散、湿润、发泡的性能，有抗渗、消炎、镇痛等药理作用，并且有灭菌、杀虫和刺激某些植物生长的功能。

冷榨油料饼粕研究已引起人们的重视。如用冷榨大麻籽饼粕代替大豆粉作为喂养小牛犊的蛋白饲料，并考察饲料的投料量、牛犊体重增量和排泄物性状。结果发现，喂养冷榨大麻籽饼粕的实验组小牛犊的中性洗涤纤维的摄入量高于大豆粉实验组。此外，粪便的长粒子数量有所降低，且排泄物的干物质含量和黏度均有所增加，牛犊摄入更多的冷榨大麻籽饼粕可有效地提高饲料的转化率，还可以改善瘤胃功能。研究冷榨花生饼粕和高温浸提花生饼粕中提取的蛋白的组分、性质和结构。结果表明，蛋白的氮溶解指数升高，同时，蛋白的持水性、吸油性、乳化性及乳化稳定性、起泡性等功能特性都得到明显改善。研究从热榨核桃饼粕和冷榨核桃饼粕中提取的蛋白质，结果显示，pH 的不同会影响蛋白质的一些功能特性，且后者蛋白质的持水性、吸油性、溶解性和乳化性优于前者，但后者的乳化稳定性指数稍低于前者。

第五章

食用油的制备

要想获得质量安全的食用油，必须"从农田到餐桌"进行全程控制，加强从油料作物在田间种植管理、收获、收购、加工、包装、标识、储藏、运输和检验直到销售的整个过程管理，为生产优质食用油提供保证。食用植物油的质量与安全隐患来自多个方面，可能来自油料作物的种植、收割、储藏、加工、销售和食用等各个环节；也可能来自天然毒素污染，包括油料作物在种植、收割、储藏、加工过程中产生的黄曲霉毒素、玉米赤霉烯酮等天然毒素；还要防止除草剂、杀虫剂、杀菌剂、落叶剂及植物生长调节剂等农药残留，防止来源于油料作物种植过程中的重金属累积和油脂加工过程中生产设备的重金属迁移等重金属污染；另外在油脂加工过程中还会产生苯并芘、反式脂肪酸，以及出现浸出油溶剂残留超标等问题；食用油在储藏过程中油脂会出现氧化、酸败导致的酸价和过氧化值升高，在高温煎炸过程中还会形成有毒、有害物质；更应当注意的是不法分子对食用油非法添加和掺假使伪的危害，非法添加和掺假是近年来导致食用油安全事件的主要原因。

食用植物油在生产制备过程中的风险隐患在标准化生产过程中是完全可控的。在比较了多种小品种油料在不同压榨工艺下的营养品质后，虽然冷榨油的确在经济性、营养保持率上比其他诸如超临界二氧化碳萃取等萃取工艺更具有效益。但应注意的是，多款油料经冷榨后都出现磷偏高的情况，因此，采用冷榨工艺提取油脂产品一定需要注意毛油的后处理。和菜籽粕相比，许多冷榨食用油如葡萄籽油和核桃油的油粕，除了富含蛋白质等营养物质外，也没有硫代葡萄糖苷等有害物质。因此，在确保安全的情况下，可开发冷榨食用油的油粕。

（一）食用油原料要符合国家标准

在油料作物的种植过程中，许多对人体有害的物质会通过各种渠道进入农作物中。特别是农药残留物、重金属、苯并[a]芘、放射性物质和黄曲霉毒素等，因此对所用原料必须严格挑选，选用干燥、无霉变、无污染、农药残留不超标的原料。食用油中的有害成分种类比较多，主要包括含有 2 个以上苯环的多环芳烃，这类多环芳烃包括萘、蒽、菲、芘等 150 多个，其中含有 4 ~ 6 个苯环的并环化合物具有致癌作用。通常根据苯环多少把多环芳烃分为轻质多环芳烃和重质多环芳烃，以 4 个苯环为界限。真菌毒素是真菌在生长过程中产生的，易引起人体病理变化和生理变态，毒性也很高，可能引起生殖异常、肝肾中毒，并可能致癌、致畸。

1. 农药残留的控制势在必行

油料作物在种植过程中的质量安全隐患主要是农药污染，应通过对油料进行农药残留分析，确保其符合国家有关的卫生标准。我国已制定了《食品安全国家标准 食品中农药最大残留限量》（GB 2763—2021），已对油料中乙酰甲胺磷等多种农药制定了限量标准，对烯草酮、七氯、灭多威、硫丹、氯菊酯等农药残留限量做出规定，其中七氯和硫丹的限量在我国标准中更严格。对于成品大豆油，我国标准对烯草酮、七氯、灭多威、毒死蜱、环丙唑醇、氟硅唑等农药残留限量做出规定。对于菜籽原油，我国标准对烯草酮、吡噻菌胺、草铵膦等农药残留限量做出规定，且限量一致；矮壮素的限量也在我国标准中做出规定。对于成品菜籽油，我国标准对烯草酮、吡噻菌胺、联苯菊酯等农药残留限量做出规定，且限量一致；百草枯、多效唑的限量也在我国标准中做出规定。研究表明，有些化学农药如有机氯和有机磷对油料的亲和力大于其他粮食，加上油料种植管理缺乏科学性，在油料作物田间种植期间，过量使用高毒、高残留农药如甲胺磷，没有按规定使用农药，致使收获后的油料中农药残留大大超标，这些物质即使经过精炼也不能完全去除。因此，油料种植户首先应该关注使用农药的毒性及对环境的长期影响，这是控制农药残留的基础。其次是农药的合理使用，包括农药的使用时期、浓度、次数和安全间隔期等，使用者要严格遵守农药的使用说明。尤其要注意安全间隔期，防止油料作物农药残留的原始积累量过高。通过加强田间管理来降低油料中的农药残留。

2. 油料中天然存在的有毒、有害成分

油料中除含有脂肪等营养物质外，有的还含有自身合成的对人体有毒害的天然物质。油料加工后，这些有害物质会残存在油品中，如不经处理，会影响食用油的安全性。如棉籽中存在的棉酚，榨油时进入毛棉籽油中，一般毛棉籽油中含棉酚0.24%～0.40%，大大超出棉籽油中含棉酚0.02%的国家卫生标准。棉酚可破坏心、肝和肾等的细胞，破坏神经和血管，并导致体温调节障碍，使生殖系统受损，出现血清钾降低等急性中毒症状，严重时可致猝死。油菜籽中有天然有毒、有害成分硫代葡萄糖苷和芥酸等。硫代葡萄糖苷是产生辛辣味与臭味物质的来源，其分解产物异硫氰酸酯会引起甲状腺肿大。

3. 严防黄曲霉毒素等超标

食用油料作物容易被真菌毒素污染，比较严重的有黄曲霉毒素 B_1、玉米赤霉烯酮和呕吐毒素。黄曲霉毒素存在于土壤、动植物和各种坚果中，特别容易被污染的有花生、玉米、稻米、大豆、小麦等粮油产品，是一种毒性极强的剧毒物质，对人类健康的危害极为突出，被定为一类致癌物。黄曲霉毒素对人及动物肝脏组织有破坏作用，严重时可导致肝癌甚至死亡。在天然污染的食品中以黄曲霉毒素 B_1 最为多见，其毒性和致癌性也最强。玉米赤霉烯酮主要污染玉米、小麦、大米、大麦、小米和燕麦等谷物。玉米赤霉烯酮具有雌激素作用，主要作用于动物生殖系统，产生雌激素亢进症，可引起流产、死胎和畸胎。食用含赤霉病麦面粉制作的各种面食也可引起中枢神经系统的中毒症状，如恶心、发冷、头痛、神志抑郁和共济失调等。呕吐毒素因可以引起猪的呕吐而得名，对人体也有一定危害作用，为三类致癌物。油料储藏在湿热地区易滋生霉菌，特别是玉米和花生储藏不当易受黄曲霉毒素污染，榨取得到的毛油中黄油霉毒素大大超标，霉变还会产生影响气味和滋味的物质，对人体和动物都有很大毒性。压榨或浸出工艺都可以将这些真菌毒素迁移到食用油中。如花生被黄曲霉毒素污染，榨制的毛油就含有黄曲霉毒素。花生及其他坚果类油脂和棉籽油特别容易出现这种情况。为此要严格执行《食品安全国家标准 食品中真菌毒素限量》（GB 2761—2017）。

4. 油脂变质程度的指标

游离脂肪酸是指食用油产品中存在的脂肪酸单体物，一般由酸价表示，游离脂肪酸不仅在食用油产品中广泛存在，而且是人体消化代谢的中间产物。酸价可作为油脂变质程度的指标。甘油三酯在制油过程受热或脂肪酶的作用而分解产生游离脂肪酸，从而使油中酸价增加。油脂在储藏期间，由于水分、温度、光线、脂肪酶等因素的作用，被分解为游离解脂酸而使酸价增大，储藏稳定性降低。

食用油中的脂类物质与氧气发生反应后，生成过氧化物、新的自由基等物质，再经过系列反应，最终生成低分子产物醛、酮、酸和醇等，或氧化引起的碳碳结合与碳氧结合的聚合物等。脂质的过氧化是多不饱和脂肪酸的氧化变质，常表现为油脂的酸败，是典型的活性氧参与的自由基链式反应。磷脂是构成生物膜的主要成分，多不饱和脂肪酸广泛存在于磷脂中，因此脂质的过氧化将直接造成生物膜的损伤，破坏膜的生理功能。许多疾病如肿瘤、血管硬化及衰老都与脂质的过氧化相关。脂质的过氧化中间产物可作为引发剂使蛋白质分子产生自由基，进而导致蛋白质聚合和分子交联。膜蛋白的交联与聚合使膜蛋白平面运动受到限制，再加上过氧化作用使膜中多不饱和脂肪酸减少，膜脂流动性降低，从而膜受到损害而功能异常。低密度脂蛋白的脂质过氧化会加速动脉粥样硬化。老年斑是衰老的重要标志之一，主要由脂褐素和褐色素组成。脂褐素是不均一被氧化的不饱和脂质、蛋白质和其他细胞降解物的聚合物，是在自由基、酶和金属离子等的参与下膜分子发生裂解和过氧化的结果，脂褐素影响 RNA 代谢，使细胞萎缩和死亡。脂质过氧化还会加速老年斑的形成和加速衰老；一些清除自由基的抗氧化剂（如维生素 E 和维生素 C）能明显延缓老年斑的出现和增长，说明自由基和脂质过氧化与衰老有关。体内的抗氧化剂如超氧化物歧化酶、过氧化氢酶和维生素 E 均是与脂质过氧化抗衡的物质，可维持机体平衡，使之处于健康状态。因此在服用多不饱和脂肪酸时要注意防止它们被氧化，注意它们的过氧化值不能超标，这些产品应做成胶囊与氧隔绝，还要加入抗氧化剂。对于超过 2 个双键的多不饱和脂肪酸，每多 1 个双键，氧化速率约增加 1 倍以上。DHA 有 6 个双键，其氧化速率约为 1 个双键的油酸氧化速率的 48 倍，5 个双键的 EPA 的氧化速率约为 DHA 的一半。另外各种环境因素，如温度升高、微量金属（如铜和铁）、氧浓度和辐照度，均可大幅增加氧化速率。

5. 警惕反式脂肪酸

反式脂肪酸是一类对健康不利的不饱和脂肪酸，天然脂肪中有少量存在。油脂氢化是反式脂肪酸的主要来源，此外，油脂在精炼脱臭过程中，高温处理也会使反式脂肪酸含量增加。烹调时习惯将油加热到冒烟及反复煎炸食物，反式脂肪酸也会增加。反式脂肪的热量占食物总热量的比例每增加 2 个百分点，冠心病的发生率增加 1 倍。反式脂肪酸有可能会影响早期生长发育和心血管健康，增加诱发 2 型糖尿病、高血压、癌症等疾病的风险。

6. 关注植物油中新的食品安全风险因子

植物油中新的食品安全风险因子氯丙醇酯、缩水甘油酯、增塑剂、矿物油等有害成分已成为国际关注的植物油污染物。氯丙醇酯和缩水甘油酯容易在食用油的高温精炼或脂肪类食品的煎、炸、烧、烤等过程中产生。氯丙醇酯是氯丙醇与各类脂肪酸作用后生成的一大类物质的总称，可能多达几十乃至百余种，主要分为 3- 氯 -1,2- 丙二醇酯和 2- 氯 -1,3- 丙二醇酯。3- 氯 -1,2- 丙二醇酯具有肾脏毒性、生殖毒性，并可能具有致癌性，国际癌症研究机构将其列为 2B 类致癌物。缩水甘油酯的水解产物为环氧丙醇，又称为缩水甘油，具有遗传毒性和致癌性，为 2A 类致癌物，即很可能对人类具有致癌作用。

添加增塑剂的高分子材料不可用于脂肪性食品及婴幼儿食品的包装材料。增塑剂是工业上被广泛使用的高分子材料助剂，在塑料加工中添加增塑剂，可以使其柔韧性增强，容易加工。增塑剂产品种类多达百余种，但使用最普遍的是邻苯二甲酸酯类增塑剂，它们的分子结构类似激素，被称为"环境激素"，若长期食用可能引起生殖系统异常，甚至导致畸胎、癌症。大量摄入增塑剂可能干扰内分泌，影响生殖和发育，长期大量摄入会导致肝癌。

（二）食用油生产工艺流程

油脂生产的工序包括油的提取与精炼。目前，在油脂工业中主要采用的提取工艺有溶剂浸出法、压榨法、挤压膨化法、水代法和水酶法。冷榨制油、混合溶剂浸出、新型溶剂浸出、水酶法制油、大型超临界流体浸出等已成规模地被应用。

1. 压榨法

压榨法的主要流程是：原料—→清理—→脱壳和去壳—→破碎—→蒸炒—→压榨—→毛油。直接压榨可以得到天然的植物油，生产浓香花生油，可采用直接压榨法。从健康产品和油料蛋白的需求出发，冷榨技术也有一定的发展，已有冷榨机投入工业化生产，分别应用于葵花籽、花生和玉米胚芽等油料的加工中。油棕果实里含有较多的脂肪酶，会使油脂水解成脂肪酸，所以对收获的果实必须及时进行加工处理，除掉脂肪酶。人们通过水煮、碾碎、榨取过程，可以从棕榈果肉中获得毛棕榈油和棕榈粕；同时在碾碎的过程中，棕榈仁被分离出来，再经过碾碎和去掉外壳，剩下的棕榈仁经过榨取得到毛棕榈仁油和棕榈仁粕。油棕果实中含两种不同的油脂，从果肉中获得棕榈油，从棕榈仁中得到棕榈仁油，这两种油中前者更为重要。毛棕榈油容易自行水解生成较多的游离脂肪酸，酸价增长很快，因此要及时精炼或分提。榨取之后毛棕榈油和毛棕榈仁油被送到精炼厂精炼，经过去除游离脂肪酸、天然色素、气味后，精炼的棕榈油在液态下接近于无色透明，在固态下近白色。根据不同用户的需求，棕榈油还可以进一步分馏、处理，形成棕榈油酸、棕榈液油、棕榈硬脂。棕榈油中富含胡萝卜素（0.05%～0.2%），使油呈深橙红色，这种色素不能通过碱炼有效地除去，通过氧化可将油色脱至一般浅黄色。在阳光和空气作用下，棕榈油也会逐渐脱色。压榨法的饼中残油率高（5%～7%，干基），热压榨法加热温度高，处理时间长，油、饼质量差，蛋白质变性严重。

2. *溶剂浸出法*

浸出法是用非极性溶剂来萃取油脂，主要流程是：原料——清理——脱壳和去壳——破碎——轧坯——溶剂浸出——毛油。油料浸出技术具有先进性和科学性，并被广泛采用，其关键问题是浸出法所用的溶剂是否符合国家标准，最终溶剂残留是否符合国家标准。生产食用植物油所用的溶剂应该是国家允许使用的溶剂，否则会影响植物油的最终品质。目前我国使用的油脂浸出溶剂大部分是 6 号抽提溶剂油，其中有74% 左右为正己烷成分。正己烷在油脂浸出过程中是一种"临时添加剂"，不必在产品标签中标识。同时，浸出原油通过精炼，在脱臭工段经过高温、高真空和水蒸气蒸馏后，一般全精炼油中不再残留正己烷。

出于生产工艺和安全性的考虑，我国规定浸出食用油原油的溶剂残留不得超过 100 mg/kg，对于溶剂残留过高的毛油要重新进行溶剂蒸脱过程。研究表明，异己烷作为浸出油脂的溶剂具有比正己烷更多的优点，是一种比较有前途的替代溶剂。已有一些企业开始用异己烷来替代正己烷作为油脂浸出溶剂。根据毒理学及生产工艺水平的综合评价考虑，浸出前要检验预处理原料的品质，对致病菌和黄曲霉毒素超标的坯片要拒绝进入浸出加工过程。溶剂浸出法的粕残油率低（＜1%，干基），设备投资大，溶剂料配比大，工艺复杂，能耗高，蛋白质变性严重。

随着环境法规日益加强，促使开发节能环保和油粕兼顾制油新技术，如节能减排、新型替代制油溶剂推广和油粕兼顾协同加工技术已成为油脂产业可持续发展的重要内容。新型浸出溶剂主要指异己烷、正戊烷、液态烃（丁烷）和异丙醇等。异己烷毒性低、与现有制油工艺衔接/配套性好、可实现大规模生产。正戊烷、液态烃、异丙醇用于油脂浸出的共同优点是环保效益高、能耗低、油粕蛋白变性低、优质油和粕兼得。在国内，液态烃浸出生产低温粕已得到一定规模推广；异丙醇、正戊烷浸出技术研发已得到国家科技支撑计划支持，目前有待在连续进料、逆流浸出、低温脱溶及溶剂高效回收等几方面取得突破。低温脱溶是一项生产高品质蛋白产品所需的油粕兼顾关键技术，已在国内外得到广泛应用。

3. 挤压膨化法

在中小型油脂加工厂，浸出工艺普遍采用清理、破碎、软化、轧坯等一系列预处理工序来制备入浸料坯，预处理的目的是尽可能地破坏油料细胞，并形成利于制油的几何形状。为了获得良好的浸出效果，就要求料坯片薄均匀、成粉少，然而这是相互矛盾的。为解决此矛盾，利用膨化方法制备一种多孔的入浸料坯，代替轧制坯进行浸出的工艺即为挤压膨化法。所谓膨化就是将清理后的破碎油料经螺旋推进，使其密度不断增大，油料间隙中的气体被排出，使机膛内的压力增大。随着螺旋与机膛间的摩擦使油料的质体达到充分混合、加热、加压、胶合、糊化而产生组织变化。当油料被挤压至出口处，油料内外压力瞬间从高压转变成大气压，使内部水分迅速蒸发出来，油料也随之膨化成型，使膨化油料中呈现许多细微小孔，达到有利于浸出的目的。

挤压膨化法分为一般挤压膨化法和粉碎挤压膨化法。以大豆油为例，一般挤压膨化法为大豆——→破碎——→软化——→轧片——→挤压膨化——→烘干或冷却——→浸出。采用这种膨化工艺后，坯片厚度可以由 0.3 mm 增加到 0.5 ～ 1.0 mm。而粉碎挤压膨化法为大豆经破碎后粉碎或直接粉碎——→挤压膨化——→烘干或冷却——→浸出。大豆粉碎后要通过一定尺寸的筛孔才能达到膨化的要求和效果。用辊式破碎机破碎后再进行粉碎，较直接粉碎效果要好。

4. 水代法

水代法制油是从油料中以水代油而得到油脂的方法。不用压力榨出，不用溶剂浸出，而是依靠在一定条件下，水与蛋白质的亲和力比油与蛋白质的亲和力大，因而当水分浸入油料就可以代出油脂。水代法最常用于制取芝麻油（小磨香油），也可用于花生、茶籽、菜籽、向日葵籽等含油量较高的油料。如水代法制取芝麻油的工艺流程为：芝麻——→筛选——→漂洗——→炒籽——→扬烟——→吹净——→磨酱——→对浆搅油——→振荡分油——→芝麻油、麻渣。磨酱后，用人力或离心泵将麻酱泵入搅油锅中，麻酱温度不能低于 40℃，进行对浆搅油、振荡分油，可分 4 次加入相当于麻酱重 80% ～ 100% 的沸水。对浆搅油是整个工艺中的关键工序，是完成以水代油的过程。加水量与出油率有很大关系，适宜的加水量才能得到较高的出油率。这是因为麻酱中的非油物质在吸水量不多不少的情况下，加水一方面能将油尽可能替代出来，另一方面生成的渣浆的黏度和表面张力可最优化，振荡分油时容易将包裹在其中的分散油脂分离出来，撇油也易进行。如加水量过少，麻酱吸收的水量不足，不能将油脂较多地替代出来，且生成的渣浆黏度大，振荡分油时内部的分散油滴不易上浮到表面，出油率低。如加水量过多，除麻酱吸收水外，多余的水就与部分油脂、渣浆混合在一起，产生乳化作用而不易分离，同时，生成的渣浆稀薄，黏度低，表面张力小，撇油时油与渣浆容易混合，难以将分离的油脂撇尽，因此也影响出油率。加水量的经验公式如下：加水量 =（1 － 麻酱含油量）× 麻酱量 ×2。加水量除与麻酱中的非油物质的量直接有关外，还与原料品质、空气相对湿度等因素有关。

经过上述处理的温麻渣仍含部分油脂，可进行振荡分油、撇油。振荡分油就是利用振荡法将油尽量分离提取出来。工具是两个空心金属球体（葫芦），一个挂在锅中间，浸入油浆，约及葫芦的 1/2。锅体转速为 10 r/min，葫芦不转，仅作上下击动，迫使包在麻渣内的油珠挤出升至油层表面，此时称为深墩。约 50 min 后进行第 2 次撇油，再深墩 50 min 后进行第 3 次撇油。深墩后将葫芦适当向上提起，浅墩约 1 h，撇完第 4 次油，即将麻渣放出。撇油多少根据气温不同而有差别。夏季宜多撇少留，冬季宜少撇多留，借以保温。当油撇完之后，麻渣温度在 40℃左右。

5. 水酶法

传统的植物油制取方法虽然能得到 95% 以上的油脂，但提油后油料的蛋白变性严重，作为食品饲料再利用困难。全球植物油料每年的产量巨大，但由于提油后蛋白变性严重，难以开发为食用蛋白，是巨大的资源浪费。为同时能得到无毒油料的油脂和蛋白，进行水相提取油脂是一种良好的方法，其最大的优点是能良好地保持油料蛋白的性能。水酶法制油条件温和，油料蛋白的性能几乎不发生变化，无论是水相中直接加工利用，还是回收分离蛋白再利用，效果都十分理想。

水酶法制油采用复合酶控制酶解、高效破乳、连续分离等技术，优质油和水解蛋白兼得，油料中维生素、甾醇等营养物质基本不被破坏而进入油或蛋白产品中，国内水酶法制油已进入生产阶段。随着生物工程、基因工程和固定化酶技术的不断发展，已经很好地解决了酶资源不足、使用成本高、稳定性差和易失活等问题，这为酶在油脂工业中的应用铺平了道路。因此，水酶法制油技术有着广阔的应用前景，是未来油脂工业的发展方向之一。

（三）油料的预处理

油料预处理在整个制油工艺中具有重要的地位，其重要性不仅在于改善油料结构性能、直接影响出油率及设备处理能力和能耗等，还在于对各种油料成分产生作用，进而影响产品和副产品质量。因此要重视预处理油料的结构性能和品质，并将其与终产品（毛油和粕）质量、精炼效能及综合利用等联系起来。现在预处理设备，尤其是一些关键设备，如组合清理与分级装置、轧胚机、预榨机、脱皮机、膨化成型机等，在不断提高质量的前提下，产量提高，消耗降低，采用微机自控操作保证了预处理生产前后工段的衔接，适应油脂工业大规模发展的需要。同时，油脂工业全自动控制工艺、预榨浸出制油工艺、挤压膨化浸出技术、混合油负压蒸发、二次蒸汽及余热利用技术、低温脱溶技术已经得到广泛推广。

1. 脱皮（壳）处理

脱皮（壳）处理是获得高质量蛋白粕的途径，也是降低成本、增加产品品种和产量、充分利用资源的有效方法。在生产低温食用粕和高蛋白饲料粕工艺中，脱皮（壳）是为了提高粕中蛋白和减少纤维含量；在常规生产高温饲料粕工艺中，脱皮（壳）的目的是增加浸出设备处理量、降低粕残油率、减少能耗和提高浸出毛油质量。大豆脱皮有热脱皮、中温脱皮和冷脱皮技术，脱皮率分别可达到40%、75%和85%以上。我国普遍推广大豆热脱皮技术，使脱皮大豆粕蛋白含量比普通大豆粕提高4%，如要使大豆粕蛋白含量达到50%，脱皮率必须达到90%以上。油菜籽皮约占全籽15%，籽皮含30%以上的粗纤维，我国已开发利用剪切、挤压、搓碾等多种作用同时进行的油菜籽脱皮设备。整套脱皮线由脱皮机、仁皮分离机、风机、旋风分离器、分选筛及输送设备等组成。由于植酸、单宁、皂素、芥子碱等大部分都存于油菜籽皮中，油菜籽脱皮可有效除去抗营养因子，提高饼粕质量，使油菜籽粕蛋白含量提高到45%左右，成为可与大豆粕相媲美的优质蛋白源。

2. 膨化工艺

目前膨化技术已成功应用于各种油料。针对大豆等中低含油量油料更需要推广膨化直接浸出技术，替代传统蒸炒和预榨。由于多孔性及油料细胞破坏彻底，浸出时溶剂渗透性大大增强，因此溶剂比可降至 0.65∶1，混合油浓度可达 30% 以上，料坯经膨化后颗粒容重比大豆生坯增大 50% 左右，可提高浸出产量 30%～40%。同时，粕中残油率较低，一般在 1% 以下。膨化过程的湿热作用还可钝化酶类，因此减少了浸出毛油中的非水化磷脂，提高了毛油质量，同时也提高了油粕饲用价值。用米糠制油，用挤压膨化替代蒸炒工序可达到灭酶要求。膨化工艺的优点还在于可将轧坯厚度由 0.3 mm 以下增加到 0.5～0.8 mm，因此减轻辊面磨损程度，也相应延长轧辊使用寿命。挤压膨化要解决的问题是出油率会有 0.2% 左右的降低。这是由于油料经破碎、压坯膨化后油囊破裂；子叶组织酥脆，脱皮、膨化成粉状，粉末度增加；物料受热面积增加，加之是在敞开条件下生产，油分会挥发 0.4% 左右；等等。

3. 酶法预处理

酶制剂预处理新工艺有望克服传统机械和湿热处理工艺的局限性。酶法预处理适于多种油料，特别是高含油油料。酶制剂一般使用纤维素酶、半纤维素酶、果胶酶、蛋白酶、淀粉酶等，在机械作用的基础上酶可进一步破坏细胞壁，使油脂释放更为完全。采用高水分酶法预处理所得的料浆，可用离心法分离油和粕，简化工艺、提高设备处理能力；将低水分酶法预处理与传统直接浸出工艺相结合，有利于油分含量高的油料制油。酶法工艺能耗相对较低，废水中生物需氧量与化学需氧量下降 35%～75%，目前主要问题还是酶的成本问题。

（四）油脂的精炼

压榨油和浸出油都须经过精炼去除油脂中的杂质，使之符合国家标准，才能成为可食用的成品油。只经过压榨或浸出工艺得到的油叫毛油，毛油是不能吃的。油脂精炼是清除植物油中所含固体杂质、游离脂肪酸、磷脂、胶质、蜡、色素、异味等的一系列工序的统称。植物油通过精炼使油品中水分、杂质、酸价、过氧化值都达到国家规定的质量标准，且不易酸败变质，而有利贮存，烹饪时不产生大量的油烟，并保持了油脂风味。植物油的精炼分为机械精炼、物理精炼和化学精炼。机械精炼包括沉淀、过滤、离心分离，主要是用以分离悬浮在油脂中的机械杂质和部分胶溶性杂质。物理精炼主要包括水化、脱色、水蒸气蒸馏等，水化主要除去磷脂，脱色主要除去色素，水蒸气蒸馏可脱除臭味物质和游离脂肪酸；化学精炼主要包括酸炼、碱炼，还有酯化、氧化等。酸炼是用酸处理，主要除去色素、胶溶性杂质；碱炼是用碱处理，主要除去游离脂肪酸；氧化主要用于脱色。在精炼大宗植物油如大豆油、菜籽油等磷脂含量高的油脂时，普遍采用了低温长混式的化学精炼或超级脱胶式的物理精炼。鉴于物理精炼工艺主要适用于处理棕榈油、椰子油等某些游离脂肪酸含量高的油脂，大豆油、菜籽油因油料品种和前处理工艺的原因，一般含杂质多、色泽深，尤其非水化磷脂一般占 50% 以上，除需物理精炼工艺，在脱胶工段去除大部分磷脂后，尚有一部分磷脂要靠加大脱色白土用量来吸附。

食用油添加的助剂基本上为抗氧化剂、乳化剂、着色剂、防霉剂、强酸、强碱性白土和助滤剂等。其中仅有 5 种添加剂的最大使用限量值允许超过 1%，其他大部分小于 0.5%。但是，不能因其量少而忽视问题的存在。在精炼过程中要加强对加工助剂的质量控制，精炼油脂所用助剂质量的优劣，间接影响食用油质量的好坏，不合理地使用助剂会使其中含有的危害因素带入油脂中，造成油脂的食用安全问题。基于成本和环保考虑，应着力采用物理精炼取代化学精炼。

1. 脱胶

毛油的主要成分是甘油三酯和游离脂肪酸，此外还存在一定量的杂质。油脂精炼过程中一个非常关键的步骤是从毛油中去除这些杂质，特别是磷脂或者所谓的胶质。磷脂通常条件下与蛋白质、黏液质及微量金属离子结合在一起，形成 1 ~ 100 nm 的微粒，呈胶溶态分散于毛油中。

这些杂质会对油脂品质、贮存稳定性、下游深加工的催化剂和产品质量造成非常大的影响，因此高效毛油脱胶技术的开发和应用已成为产品高质化的关键。根据与磷脂酸羟基相连的官能团的不同，磷脂通常分为水化磷脂和非水化磷脂。水化磷脂含有极性较强的亲水基团，这些基团易与水结合，从油相中分离出来，从而达到脱磷的目的。水化磷脂包括磷脂酰胆碱、磷脂酰乙醇胺、磷脂酰肌醇和磷脂酰丝氨酸等。非水化磷脂主要为磷脂酸、磷脂钙镁盐和 β - 磷脂（磷脂的磷酸酯基团位于丙三醇的 β 位）。其中以金属盐形式存在的非水化磷脂是钙、镁离子取代磷酸根羟基上的氢离子而产生的，亲水官能团极性弱，不易脱除；而 β - 磷脂由于结构的对称性和受分子结构的空间效应影响，亲水性较差，不能直接转化为水化磷脂，需要利用电解质或酶来进行转化处理而脱除。

磷脂或者所谓的胶质主要存在于大豆、葵花籽和油菜籽浸出提取的油中。磷脂的乳化特性会导致精炼损耗增加，磷脂的热不稳定性会使其分解产生使油脂变黑的产物，因此在精炼过程中必须尽早除去磷脂。对于通过压榨和水化获得的油脂，如棕榈油、棕榈仁油、橄榄油等，其磷脂含量都很低，大约在 20 ppm（1 ppm=0.001%），脱胶的过程比较简单，把油脂和少量的酸如磷酸或者柠檬酸混合，把非水化磷脂转化成磷脂酸和磷酸钙盐、镁盐。然后通过脱色白土直接吸附，为干法脱胶工艺。用化学精炼法脱胶，脱胶后有脱酸、脱色工序，以确保去尽残磷。但在物理精炼时，如脱胶不好，则会影响终产品的氧化稳定性和风味。所以，尽管物理精炼具有无须脱酸、可减少废弃物和废水等优点，但现在大豆油、菜籽油等大宗植物油仍较少采用物理精炼，要确保脱胶后油中残磷量在 5 ~ 10 mg/kg 以下，就需要开发新的脱胶方法。

（1）水化脱胶。水化脱胶是一种传统方法，目前食用油加工厂多采用水化脱胶技术，主要是利用磷脂的亲水性，使水化磷脂吸水膨胀、凝聚，经沉降或离心方式从油脂中分离出来。磷脂是一种表面活性剂，分子由亲水的极性基团和疏水的非极性基团组成。当磷脂溶于水时，一些磷脂分子从水中被排挤出来并吸附在溶液周围的界面上，磷脂分子在水面上定向排列，亲水基朝向水相，疏水基则远离水相，同时吸附与磷脂结合在一起的物质。水化脱胶是将一定量的热水或稀碱、食盐、磷酸等电解质的水溶液，在搅拌下加入热的毛油中，利用磷脂等胶溶性杂质的亲水性，使其中的胶溶性杂质吸水凝聚，然后沉降分离，使油脂脱胶。在水化脱胶过程中，能被凝聚沉降的物质以磷脂为主，还有与磷脂结合在一起的蛋白质、糖基甘油二酯、黏液质和微量金属离子等。进行水化脱胶的具体操作为：将毛油加热至 60 ~ 65℃，按 1% ~ 3% 的比例加入 1% ~ 2% 食盐水溶液，以 100 r/min 的转速搅拌 30 min，使油中包括磷脂在内的胶质充分水化膨胀，然后减速搅拌 30 min，保温静置 3 ~ 4 h，使水化膨胀的胶质沉淀形成所谓的油脚，用离心机把油脚分离出去。水化脱胶只能去除水化磷脂，而对于非水化磷脂却很难脱除，水化脱胶后的油脂一般含磷量为 40 ~ 200 μg/g。将油脂中分离出来的磷脂进一步分离纯化，做成高附加值的保健品，以提高企业经济效益。

（2）酸法脱胶。酸法脱胶可以被认为是水化脱胶的一种替代工艺。对于非水化磷脂含量较少的油脂（如葵花籽油），酸法脱胶能够比水化脱胶获得更低的残磷（5 ~ 30 ppm）。在酸法脱胶中，通常是添加一些有机酸（醋酸、草酸、马来酸、柠檬酸、酒石酸、单宁酸等）或无机酸（磷酸、硫酸、盐酸、硝酸等），将油脂中的非水化磷脂转化为易脱除的水化磷脂，并中和胶体分散相质点的表面电荷点，使之聚集沉降；同时也能将与磷脂相结合的钙、镁、铁等金属离子变为游离态，转移到水相中，从而达到除杂效果。酸调过程通常在90℃高温下进行，使用超量的柠檬酸溶液，这些柠檬酸溶液在分离后还可回收使用。一般认为酸的添加量为油量的 0.05% ~ 0.2%，具体情况可视原料油的品质而定。油和柠檬酸溶液在使用高剪切混合器混合均匀后反应，使用离心机分离出由柠檬酸组成的重相，回收上层的油脂层，最终剩下的就是中间的胶质层。酸调后一般会接着加水或加碱，进一步去除磷脂。酸法脱胶工艺已在油脂加工厂实现了工业应用，技术成熟度高、效果好，是去除油脂中非水化磷脂最有效、最常用的方法。

（3）酶法脱胶。酶法脱胶是一种新型的脱胶工艺，常用的酶包括磷脂酶 A_1、磷脂酶 A_2 和磷脂酶 C。其中磷脂酶 A_1 和磷脂酶 A_2 可以特异水解甘油磷脂 sn-1 或 sn-2 上的酯键，生成亲水性好的溶血磷脂和游离脂肪酸，从而达到脱磷的目的。而磷脂酶 C 主要作用于甘油磷脂 C_3 位上的甘油磷酸酯键，水解产物为甘油二酯及有机磷酸酯（磷酸胆碱、磷酸乙醇胺、磷酸丝氨酸及磷酸肌醇等）。酶法脱胶的显著优点是降低了化学品消耗、油脂得率提高 1%、避免油中生育酚被破坏、脱臭馏出物增值 30~80 元/吨油、节约用水 60%，需要突破的技术是如何规模化连续操作。利用磷脂酶 A_2 进行脱胶，可使毛油的含磷量降至 10 μg/g 以下。但该磷脂酶来源于猪胰脏，面临原料匮乏、成本高昂等问题，因而没有大规模应用。而微生物来源的磷脂酶 C 具有来源广、产量高、周期短、成本低、易实施等优点。随着微生物磷脂酶的大规模生产，将会彻底解决酶来源不足的问题，且与现有的油脂精炼工艺有更好的匹配性，控制更简单，并通过不断筛选可获得性能优良的新品种酶，使酶法脱胶在经济上和效果上取得重大突破。酶法脱胶工艺具有操作条件缓和、废水排放少及精炼油收率高等优点。在酶法脱胶中，要进一步研制低价优质、通用性强、适应性广的酶制剂。

（4）膜法脱胶。甘油三酯分子的尺寸一般仅为 1.5 nm 左右，而油脂中磷脂形成胶束的尺寸为 18~200 nm，远大于甘油三酯分子。膜法脱胶就是根据这一特性，以压力为驱动力，利用超滤筛分原理，实现磷脂等胶质与甘油三酯、溶剂及其他小分子的分离。这种超滤和微滤膜可采用疏水性聚酰亚胺复合膜，在无溶剂系统中对油脂进行脱胶，经一次膜过滤，磷脂浓度可显著降低，该复合膜有可能连续使用 3 个月；其分离效果与膜的组成、分离温度、压力、流速、分离物与膜表面的相互作用及混合物中其他组分的性质等因素有关。尽管膜法脱胶技术在油脂行业的应用相对较晚，且存在成本高、膜制备困难等问题，但却具有工艺简单、能耗低、提纯率高、绿色环保等优点。在膜法脱胶中，需进一步解决膜成本、膜污染、膜清洗等问题；虽然在实用化方面尚需进一步提高过滤流速，但在工业生产中这种超滤和微滤膜脱胶具有明显的经济优势，是最具应用前景的油脂精炼技术。

（5）螯合脱胶。螯合脱胶技术就是利用螯合剂与磷脂中的金属离子发生螯合反应，使非水化磷脂转化为水化磷脂，然后通过水合作用去除。该技术不仅能较好地保证油脂的主要组分含量，而且可使油脂中金属、磷脂等微量杂质的含量大幅度降低，从而改善脱胶油的氧化稳定性，降低精炼油变质的风险。该方法的特点是工艺简单，仅需一台特殊的混合器（高剪切力）和离心分离机（自清式）就能处理任何含磷脂的毛油。但目前仍存在设备投资大、操作运行成本偏高等问题。

（6）其他脱胶技术。吸附脱胶是利用一些比表面积大的吸附剂（白土、硅胶、分子筛、稻壳等材料）对油脂中的磷脂、金属、蛋白质等具有较强的结合能力，从而进行吸附脱胶的一种技术。由于吸附剂价格、废弃物处理等问题，一般是与其他脱胶技术联合使用。在吸附脱胶中，应考虑吸附剂的成本、效率及综合利用等。冷冻脱胶技术是将毛油在较低的温度下长时间静置，然后胶质自动沉淀分离。该技术有一定的脱胶效果，但还需与其他脱胶技术相结合。超临界二氧化碳脱胶技术能将油脂中的磷脂含量降低到 5 μg/g 以下，且保持了油脂的风味和品质。其缺点在于设备投资高、能耗大。

油脂企业应根据原料油的组成特点，并结合所处的地理位置、市场需求等因素综合考虑，选择适宜的脱胶技术，生产出附加值高、市场前景好的产品，以最少的投入获得最大效益。酶法脱胶、膜法脱胶和吸附脱胶与水化脱胶和酸法脱胶相比，具有明显的优势，但都有未解决的关键技术，需进一步加大研究力度，将这些脱胶技术实现规模化、工业化生产。

2. 脱酸

脱酸即除去毛油中的游离脂肪酸。脱酸也有化学精炼与物理精炼。若进入脱酸设备的原油含磷量低于 5 mg/L，就可采用物理精炼，若在物理精炼前对原油进行了高效脱胶及脱蜡预处理，即可获得质量极高的成品。

（1）物理精炼。物理精炼对环境友好，且通过物理精炼得到的成品油中保留了大量的微量营养素。在物理精炼过程中，游离脂肪酸可在较高温度（220～250℃）和较高真空度下，直接使用蒸汽进行汽提来去除，同时还可去除不良气味的化合物（脱臭）。

（2）化学精炼。化学精炼是用碱中和原油中存在的游离脂肪酸，需要在要精炼的油中加入碱，又称为碱练。加入的碱量还要略高于化学计量要求，可采用浓度为32%左右的碱液，用热水混合配制成一定浓度的稀碱液，碱与油进行高效混合后进入碱反应罐，停留时间为10～30 min。碱液中和游离脂肪酸与金属酸，形成皂角，皂角会吸附部分杂质（如胶质、色素等），再利用皂角与液态油比重的不同通过脱皂离心机加以分离。油在换热器中加热到85～90℃，进入脱皂离心机，离心机出来的油含一定量的皂和游离碱，需加入一定量热水水洗，然后再用水洗离心机分离油和水。分离后的油经过干燥器除去水分，进入脱色工序。离心除去皂角还可除去过量碱与其他杂质。

碱炼是油脂精炼的主要工序之一，也是影响油脂精炼得率最重要的环节。通常碱炼多采用一次碱炼工艺，而对于一些酸价较高的油才采用二次碱炼工艺。碱炼时碱的浓度要控制好，为了防止油脂水解，可以加入硅酸钠减弱氢氧化钠的碱度，提高脱酸效率。这些皂类物质无法食用，必须通过反复水洗清除。皂类物质作为一种表面活性剂，在油水混合物中将产生强烈的乳化作用，使精炼损失增加。原油中游离脂肪酸越多，中和过程加入的碱就越多，会导致更多皂角生成，造成更大的损失。若油中存在大量其他乳化剂如单甘酯、甘二酯、磷脂和糖脂，则会使加工过程更加复杂，进一步造成油的精炼损失。此外，要注意谷维素、生育酚、植物甾醇、米糠油中的大部分酚类抗氧化剂和微量营养素都会与皂角一同脱离，使油的营养价值大大降低。皂角在弃置前需进行处理，通常会制备成酸化油。这种工艺产生的洗涤水会对环境造成危害。在碱炼时加入的氢氧化钠可能带来铅、砷和汞等重金属，对油脂食用安全带来危害。氢氧化钠分为工业级和食品级，不同等级对食用油存在的潜在危害程度也不一样，所以应该注意使用等级规范、含重金属少且符合要求的氢氧化钠。经过这种碱炼，还可除去残存的少量磷脂和其他胶质，以及部分色素。

毛油碱炼后生成的皂角黏度很大，常因夹带有相当多的中性脂肪而降低油脂生产的得率。为解决这个问题，碱炼脱酸时有的加入表面活性剂二甲基苯磺酸钠，以降低皂角黏度，使中性油易与皂角分离，减少皂角夹带的油量，提高油的得率。利用表面活性剂脱酸称为海尔沃本脱酸法。最后再水洗和脱水，以除去油中水分、少量的皂和游离碱。碱炼后的油含有少量残皂，在进一步处理时，必须将残皂的含量最小化。油与软水在混合器内接触，热水通过泵入。这样，皂角溶解在水相，随后在离心机内分离，皂角含量小于 100 mg/kg。水洗后的油含有 0.5% 溶解的水，经真空干燥后进入脱色工序。

（3）纳米中和。纳米中和的主要步骤为：将30℃下的毛油，从毛油罐泵进换热器，升温到95℃，加酸后进入强力混合器，进入酸炼滞留罐反应 20 min 后出油，加碱液，进低剪切力混合器混合，进入碱炼滞留罐反应 1 min 左右，用压力泵加压到 6.5 MPa，进入纳米混合器，出油后进入暂存罐，进入离心机分离皂角，经过水洗后离心机分离废水，得到纳米中和油。大豆油和菜籽油采用纳米中和工艺脱胶、脱酸可降低50%的酸量，不需要超量碱、不需要自动清洗系统且油中含皂量≤ 150 mg/kg。含磷量为 400 ～ 600 mg/kg 的葵花籽油，采用常规水化脱胶得到的脱胶油含磷量为 110 ～ 120 mg/kg，改用纳米混合器脱胶，脱胶油含磷量降为 25 ～ 30 mg/kg。

（4）长混工艺。为克服化学精炼时皂角、废水量大等缺点，现已开发出改进长混工艺。长混工艺是大豆油的标准碱炼方法，脱胶油进入混合器，与一定比例的碱液混合，碱液与油中的游离脂肪酸在搅拌下充分反应，生成钠皂，再进入延时反应罐充分反应，随后经泵送至加热器加热至一定温度后，进入脱皂离心机进行油皂分离，分离出皂角进入皂角罐中暂存。长混工艺可应用于低酸价毛油脱酸，由于油中磷脂和皂的量少，可不经水洗，残皂可由硅胶吸附脱去。此法又称无水洗脱酸工艺，其后脱色时还可减少活性白土使用量。

（5）混合油精炼技术。用浸出法得到的浸出油脂可采用混合油精炼技术，先除去油脂伴随物（如棉酚、游离脂肪酸、蜡等），然后再从油中脱除溶剂。混合油精炼技术特别适用于棉籽油、米糠油等含杂质量高、色泽深的油。棉籽混合油中由于萃取用的非极性溶剂的存在，阻碍了酸、碱与甘油三酯的接触，可以减少中性油脂的皂化分解。混合油精炼是美国棉籽油标准碱炼方法。该工艺得到的油品质量好，并可节约厂房及设备投资，降低能量消耗。棉籽油的混合油精炼是以棉仁膨化料为原料，以正己烷为萃取剂进行萃取得到混合油（棉籽油和溶剂的混合物），将混合油蒸发出部分溶剂后，精炼脱除游离脂肪酸、胶质、棉酚等热敏性色素，再对精炼混合油蒸发脱溶和真空干燥，得到可以直接食用的成品三级油。在高温脱溶前就进行碱炼，棉酚可以有效反应并被吸附脱除，有效改善棉籽油品质。米糠油的混合油精炼是在混合油碱炼的同时进行降温处理，蜡和固脂很易结晶析出且被分离。

混合油精炼简化了工艺流程，在浸出车间内就可完成混合油精炼、脱溶全过程；采用湿式膨化再烘干冷却工艺和一次浸出技术，油和粕的品质明显改善；对混合油直接进行精炼，油皂易分离，经离心机脱皂后的混合油无须水洗，不产生水洗废水，精炼得率高，油品质量好；混合油在精炼过程中除去了棉酚、胶质等，精炼混合油进一步在较高温度下脱溶，油的颜色不会加深，并可避免蒸发器结垢，从而提高了蒸发效率，并有利于延长设备使用寿命；但混合油中的磷脂等类脂物被溶剂分子包围，降低了其与酸、水、碱的接触概率，所以在棉籽混合油的精炼生产中，成品棉籽油的磷脂含量偏高，在储存过程中易引起回色，且磷脂的存在使棉籽油冬化分提变得困难；混合油精炼离心分离出来的皂角经薄膜蒸发进行脱溶干燥，回收溶剂，安全环保。

3. 脱色

油脂中的色素不仅会使植物油的颜色加深，影响其外观，还会对成品油的最终品质造成一定的危害，降低油脂的贮存稳定性。油脂中的色素主要来源于 3 个方面：从原料带入的天然有机色素，如叶绿素、胡萝卜素、叶黄素及棉酚，这类色素通常是脂溶性，随油脂提取过程进入油脂，使油脂呈绿色、红色、黄色和褐色等颜色；油料的降解产物，如油料在储藏过程中，由于其本身的生命活动和外界环境影响，会发生结露、发热、霉变，导致油料中的蛋白质、糖类、磷脂等成分降解，使油脂呈棕褐色；加工过程产生的色素，如铜、铁、镁的衍生物产生的色素及无色的色原体在加工过程中因氧化而呈鲜明的颜色。绝大多数色素是无毒的，但其存在会影响油脂的外观及贮存稳定性，如叶绿素对光、热敏感，能促进光氧化，降低油脂稳定性；而且有的色素具有一定的毒性，如棉酚是一种黄色多酚型毒素，会造成人食欲缺乏等，同时在高温下易形成变性棉酚，对油脂有很强的着色能力，不但会使油脂颜色变深且存在一定的安全风险。因此，脱色在油脂精炼中必不可少，是植物油精炼加工的主要环节之一，也是保证植物油品质的重要操作工序，一般采取的是吸附脱色。

（1）物理吸附和化学吸附。吸附脱色主要通过吸附剂表面的吸附作用对油脂中的色素及杂质进行吸附脱除，达到净化油脂的目的。吸附过程分为低温下的物理吸附和高温下的化学吸附。一般在低温下主要进行物理吸附，不需要活化能，仅依靠吸附剂与色素分子间的范德华力对附着在吸附剂表面的单分子或多分子层吸附物进行无选择吸附，并在短时间内达到吸附平衡状态，且释放少量热量。在高温下多进行化学吸附，吸附剂表面原子的凹凸性导致其所受引力不对称，使表面分子具有一定的自由能，从而吸附某些物质，引起自由能降低，使吸附剂与吸附物之间形成共用电子或产生电子转移，此过程具有选择性且为单分子层吸附。

（2）油料由于原料品种和储藏条件不同，色素含量和种类也不同，其所得油脂中的色素含量和种类也有很大区别。同时，不同的制油方式、加工条件，以及不同的脂肪酸构成，导致油脂中新生色素和被固化色素的含量也不同。这些因素均对油脂的脱色效果产生显著影响。此外，油脂中的其他成分（磷脂、残皂、金属离子等）也会影响油脂的脱色效果。如油脂中的磷脂由于具有亲水亲油两面性，会与色素在吸附剂上产生竞争，影响脱色效果；油脂中的残皂在脱色过程中会与吸附剂中的氢离子反应，影响吸附剂的吸附能力；油脂中的金属离子在吸附过程中会与色素形成竞争性，降低吸附剂的脱色能力。

（3）影响油脂脱色效果的主要因素。油脂脱色的效果受多种因素影响，主要包括吸附剂的种类和数量、油脂的种类和品质、脱色时间、脱色温度及混合程度等。吸附剂的种类和数量是影响油脂脱色效果的主要因素，为达到一定的脱色效果，不同的吸附剂所需要的添加量也不同。常用的吸附剂有活性白土、活性炭、凹凸棒土、沸石等。活性白土在工业油脂精炼过程中应用最广泛，对叶绿素、类胡萝卜素及其衍生物、含羟基的极性原子及胶态物质有很强的吸附能力；活性炭多孔的结构和较大的微孔表面积使其脱色系数较高，对蓝、绿色素有很强的吸附能力，少量羧基、羰基等官能团的存在使其还具有化学吸附能力，因活性炭价格昂贵，常与活性白土以 1∶10～1∶20 的比例复配后添加；若用工业级活性白土，常会把一些重金属（以铅计）和砷转移到油脂中去，为此要探讨分析脱色剂带来的重金属危害程度，确定脱色剂合理的加入量，以保障油脂的食用安全。在保证脱色质量的情况下，减少原料的费用、减少固废、提高经济效益的关键是减少白土耗用量。采用多步脱色，如使用两步甚至三步填料塔脱色和全逆流脱色法。但实际上是用废白土预脱色，此法先让碱炼油预先通过已填满一次脱色废白土的过滤机，然后再经正常脱色操作，白土消耗量可减少一半。在加白土前，先使用对磷脂、皂和微量金属具有很强吸附效果的硅胶吸附，然后再进行白土脱色，这样碱炼油不必经水洗干燥，可节约活性白土50%～70%，并可延长过滤时间，减少滤饼废弃物的处理量，降低油分损失。此外，还可利用细粒活性白土进行脱色，对脱色后的油/白土体系施以电压，使小于10 μm 的细粒白土得以凝集，并容易过滤，提高色素的吸附能力，减少活性白土用量。在脱色过程中，改进了单纯用活性白土进行脱色的方法，采用活性白土和活性炭联用的二次脱色，降低了活性白土的使用量，减少了一些油中的土腥味。凹凸棒土是富镁纤维矿物，主要成分是二氧化硅，因其较大的内表面积、表面物理化学结构及离子状态而具有较好的吸附性能；沸石因其孔道内表面的静电作用而具吸附能力，不仅有较好的脱色能力，还有离子交换能力和催化性能；此外还有酸化稻壳灰、炭化豆壳灰等。

近几年来，为了降低能耗、减少污染、获得更好的脱色效果，也发现了一些新的吸附材料，如负载型固体碱、水凝胶、硅胶、树脂等。如用浸渍法，以活性炭/活性白土（质量比为 6∶4）为复合载体负载氢氧化钠制备负载型固体碱对废弃油脂进行脱酸、脱色，在脱色温度70℃、脱色时间 30 min 的条件下，脱色率达 54.77%，脱酸率达 90.91%。用水凝胶 L900 与活性白土分别对米糠油进行脱色，水凝胶 L900 的脱色效果明显优于活性白土。用硅胶为脱色剂时，脱色效果虽好但成本高。

（4）脱色时间。脱色过程中要掌握脱色的最佳处理时间。时间短达不到脱色效果，时间过长可能会使含有双键的脂肪酸共轭化，造成油脂氧化、酸价升高、色素固定，甚至产生回色。因此，不同种类的油脂最佳脱色时间不同。工业油脂在精炼过程中除需考虑理论最佳脱色时间之外，还要保证实际生产的合理性和经济性，为此在真空脱色条件下常将脱色时间控制在 10～30 min，若脱色的温度较高则脱色时间可控制在 10～25 min，若脱色温度较低则脱色时间可控制在 20～30 min。

（5）脱色温度。脱色温度的选择应根据脱色效果和油脂品质综合考虑，油脂颜色不同，需要的脱色温度不同。若油脂呈绿色一般可采用较低的脱色温度，而呈红色或黄色往往需要较高的脱色温度。较低的脱色温度通常脱色效果不好，而较高的脱色温度虽可使吸附较快达到平衡，但温度过高会引起油脂返色，增加油脂的酸价。因此，在工业化的油脂精炼过程中脱色温度通常控制在 70~110℃。

（6）膜脱色法。膜分离技术是一种新型的高效分离技术，其是利用膜的选择透过性，使混合物在浓度差等的作用下被分离，达到提取、纯化或富集的效果。目前，膜分离技术在油脂精炼方面已有较大进展，可使一些胶质、游离脂肪酸及色素被分离脱除，达到脱胶、脱酸和脱色的效果。膜分离技术应用于油脂精炼过程中不仅操作简单、效率高，还可简化工艺、降低能耗。采用多孔膜和无孔膜对植物油进行脱色时，无孔膜的脱色效果更好。如使用聚合物 UF 管状膜对棕榈油进行过滤，显示颜色减少约 30%，去除胡萝卜素约 15.8%。采用对正己烷稳定的聚砜类超滤膜过滤菜籽油后，正己烷稀释的菜籽油脱色效果明显，而且对未稀释的菜籽油也有一定的脱色作用。膜分离技术不但能脱色而且还有一定的脱胶、脱酸作用。

（7）声波辅助脱色法。超声波在超声空化产生瞬时高温高压和微射流时，还可使催化剂表面暴露更多的高活性基团，加速化学反应。将超声技术与吸附剂结合，利用超声波辅助吸附剂进行脱色，可使油脂脱色使用更少的吸附剂，使油脂脱色在节能的同时更加环保。超声波可增加黏土的分散性，扩大与酸溶液的接触面积，激活白土性能，提高吸附速率，使脱色在更短的时间、更低的温度下进行。在高功率超声波作用下，即使无吸附剂存在，油中的色素一定程度上也会被降解，达到与吸附剂存在时近似的效果。用超声波辅助吸附剂脱色，油中叶绿素的含量会随超声波功率的增大而降低；在超声波同等功率下，不同吸附剂对叶绿素的脱除效果不同，其中工业黏土对叶绿素的吸附效果最好，超声波辅助脱色功率越大，脱色效果越好。但是，油中有益成分如生育酚和甾醇会因超声功率的增大而损失越多。总之，在一定程度上超声波不仅可用来处理吸附剂，激活其性能，还可能是一种替代仅通过吸附剂对油脂脱色的新方法。

（8）光能脱色法。油脂中的一些天然色素，如类胡萝卜素和叶绿素等因结构中烃基的不饱和度较高，大多为异戊间二烯单体的共轭烃基，具光敏性。光能脱色法是利用这些色素能吸收可见光和近紫外线的能量从而使色素分子的双键被氧化，破坏发色基团的结构而使油脂脱色。光能脱色法可以用高压汞、VIS-450、UV-365 为光源，对大豆油的脱色效果较好且对油品质劣变的影响较小。

（9）其他脱色法。植物油脱色方法除以上方法外，还有化学脱色法、酶脱色法等。化学脱色法是利用化学试剂通过氧化反应使油脂中的色素分解，颜色变浅。但该方法多用于生产工业油脂，不宜用于食用油。酶脱色法是利用酶与色素直接作用，如脂肪氧合酶可氧化叶黄素和 β-胡萝卜素，此方法主要用于对脱色要求较高的油脂。除专门的脱色工序外，油脂精炼过程中的其他工序也有辅助脱色的作用，如碱炼脱酸时形成的皂角可吸附部分色素。在一定范围内，增加碱液的浓度和碱量，皂角的吸附能力增强，脱色效果提高；水蒸气脱臭时，高温、高真空条件会使热敏性色素分解，使油脂色泽变浅，达到热脱色的效果。实践证明，高温脱臭一般可降低红值 0.8~1.0，黄值 3~6。脱臭温度的升高和时间的延长都能在一定程度上使红值降低。

（10）脱色效果的评定。油脂脱色效果的评定应根据油脂种类、毛油质量和精炼油用途的不同，在最好除杂效果和最低油脂损耗的前提下，力求获得油脂色泽最大程度的改善。常以油脂的色度、脱色率为主要指标，结合精炼率、过氧化值、酸价等来判定脱色效果。对浅色油，采用罗维朋比色法测定油脂的色度，对比脱色前后的黄值、红值来判定脱色效果，该方法操作简单，但因一般有黄值、红值两个变量（若加上蓝色片则为 3 个变量），不便于比较，所以常固定黄色片，对比红值来判定脱色效果；对深色油，因罗维朋色度计不能满足比色要求，采用分光光度法在特定波长下测定其吸光值，计算脱色率，对比脱色前后的脱色率大小来判定脱色效果，分光光度法同样适用于浅色油，应用较广且快速简便，能客观准确地显示出脱色效果的好坏。若以油脂中主要色素的含量来判定脱色效果，此方法虽能明确显示出脱色前后油脂中主要色素成分及含量的变化，但操作较复杂且不能显示出油脂色泽的整体改变情况。

4. 脱臭

脱臭比其他精炼单元工序成本高，使用蒸汽量也较大。脱臭工序与油脂质量安全控制关系最密切，脱臭不当首先是使油脂中天然生育酚、甾醇大量损失，稳定性低，储藏时易回色回味，低温出现浑油；其次是异构化油脂，如反式酸、氧化甾醇衍生物、3-氯丙二醇酯等增加。大型脱臭塔选用软塔-板塔-软塔，水冷真空或干冰真空双捕集器。保持脱臭塔真空在 150～160 kPa，进油温度为 245～250℃，板塔内油温为 250℃，出软塔油温为 250℃。在脱臭塔后面增加软塔进行后脱酸，脱除在脱臭塔内氧化、水解产生的小分子化合物，提高脱臭油的氧化稳定性，提升油脂烟点。

新型脱臭组合塔可实施高效汽提和高效热量回收，显著降低生产成本。如软塔脱臭、薄膜脱臭、双重温度脱臭、冻结凝缩真空脱臭等，均具有低温、短时、耗汽少等共同特点。软塔脱臭系统其核心部件是脱臭用的填料塔和热脱色用的塔盘塔，并配置真空加热器、真空节能器等装置，及独具特色的板式换热器、卸油阀、捕集器、脱气塔、过滤器等，这些共同组合成新型脱臭系统。由此实现先低温、短时汽提脱臭，后保持热脱色，可大幅降低运行成本，并有效抑制反式脂肪酸的生成，保持油脂中维生素含量，以满足高品质油脂精炼的需求。在脱臭工艺中，软塔设备利用"先汽提，后保持"的原理，在真空条件下，利用水蒸气带走油中的臭味物质。国内油厂多将填料塔和塔盘塔组合在一个容器中，也有分立式的，分立为两个容器；分立式设计对不同油脂品种和待脱臭油质量更具灵活性。采用软塔脱臭，涉及大豆油、玉米油、菜籽油等油品，可获得很好的效果。

脱臭真空系统一般夹带约 2% 的脂肪酸和维生素 E 等馏出物，为此大型脱臭塔采取两个捕集器，分别安装 1 m 高度的填料。第一级捕集器，控制馏出物进口温度在 115℃，出口温度在 115℃，捕集物中的维生素 E 含量在 12%～14%，还有少量甾醇；第二级捕集器，控制馏出物进口温度在 52℃，出口温度在 52.04℃，捕集脂肪酸，馏出物酸价为 115 mg/g。如果原料油的酸价过高，需要增加专门的脱酸塔。脱臭塔后脱酸还可以清除小分子氧化物，增加成品油的抗氧化性，延长成品油的货架期。

还有的脱臭工艺技术将脱臭过程中的所有关键步骤（脱气、热量回收、加热、汽提脱臭、最终冷却和蒸汽清洗）都在一个专门、单一的容器中进行，从而减少安装成本和对空间及建筑物的占用；联用高效板式热交换器可减少能耗；以屏蔽泵取代机械密封泵，可免除高温下空气对油品的损害；采用真空冷冻系统可减少能耗及馏出物排放。

5. 脱蜡

油脂脱蜡是通过强制冷却将液体油中所含的高熔点的蜡与高熔点的固体脂析出，再采用过滤或离心分离的方法将其除去的过程。脱蜡与脱胶、脱酸、脱色、脱臭工艺密切相关，是制备一级油必不可少的一道工序。通常人们所说的油脂脱蜡实际上包含有两个内容，其一是将米糠油、葵花籽油、玉米油、红花籽油、小麦胚芽油等中含有的高熔点的蜡除去，这些蜡本质上是 $C_{20} \sim C_{28}$ 的高级脂肪酸与 $C_{22} \sim C_{30}$ 的高级脂肪醇组成的蜡酯；其二是将在低温下形成的固体脂部分与液体油部分进行分离，这些固体脂则是指高熔点的甘油三酯。严格来说，前者应称之为脱蜡，后者应称之为冬化，这实际是两个不同的概念，二者不应混同。同时，即使是在固液分离中，像棉籽油的冬化是在室温附近将固体脂析出进行分离，而从棕榈油中将不同熔点的蜡除去，则是在 0℃ 附近将棕榈硬脂与棕榈油酸的高熔点成分顺次结晶化来区分的。因而，去除饱和甘油三酯的工程应称为分提更为确切，冬化也可称为自然分提。油脂脱蜡除了蜡以外，还须除去油中高熔点的甘油三酯，因此从提高产品的冷冻性与得率考虑，在过滤前还要提高油温，将结晶的甘油三酯再进行溶解。所以，有关熔点的基础数据和测定方法也是必须掌握的。概括来说，目前国内外主要的脱蜡工艺有传统的脱蜡工艺、脱酸 - 脱蜡工艺、低温脱酸 - 脱蜡工艺、精细（抛光）过滤脱蜡工艺、SOFT 脱胶 - 脱蜡工艺等。

（1）传统的脱蜡工艺。将脱酸油在一定的速度下进行搅拌，同时将油温冷却至 4℃，为了有助于蜡的结晶，常常再加入硅藻土、红磷锰石、木材纸浆等结晶助剂。这些助剂在过滤时又可成为过滤助剂。结晶后的油再转入养晶罐，并继续缓慢地搅拌，蜡经充分结晶养晶 14 ~ 16 h 后，再将油缓慢升温后再进行过滤，最后得到脱蜡油产品。该工艺不仅适用于含蜡量少的玉米油和葵花籽油，同时也适用于含蜡量较多的米糠油。具体而言，脱蜡时先将欲脱蜡的油与从装置中经脱蜡后流出的成品油进行热交换，再送到卧式冷却罐中冷却。为提高脱蜡油的传热速率，罐中用缓慢转动的浆式搅拌器进行搅拌。脱蜡油离开冷却罐再依次进入 3 个卧式结晶罐中，继续用循环的冷却水冷却，使油温继续降低。在最后一个结晶罐中，为了适当加快过滤速率，油温可稍有升高。从最后一个结晶罐出来的油，依靠重力流入用加热法自行清除滤饼的过滤器，在过滤器中将固体蜡从油中分离出来，然后再将脱蜡后的油送到储罐中。在过滤结束后，分离出来的固体蜡用过滤器中设置的盘管通入热水，将其熔化后再用泵送到储罐中。

（2）脱酸 - 脱蜡工艺。对于含蜡量高的油脂一般采用脱酸与脱蜡组合的方式进行脱蜡，同时将脱酸工艺延长，即在加热到 85 ～ 90℃的油中，添加少量的酸搅拌 3 ～ 5 min 后，再加入高温的碱液与其原有的游离脂肪酸进行中和，5 min 后进行离心分离。其后在皂液（也为蜡的凝集剂）中加入稀碱液，将其冷却到 5℃左右，一起通过结晶罐后，加冷水将蜡与皂液进行离心分离。在离心分离之前，为了降低黏度，可缓慢升温到 15℃。最后将油在真空下脱水，得到脱酸 - 脱蜡油产品。

（3）连续脱酸 - 脱蜡工艺。将欲脱酸和脱蜡的毛油在环境温度下送到安全过滤器，然后与磷酸一起进入混合器混合后再进入反应罐，经充分反应后完成脱胶工艺。脱胶后的油在板式换热器中冷却，冷却后再与稀氢氧化钠水溶液一起送入混合器中混合。接着再将其送入结晶罐中，在罐中加入一些软化水，这些混合物连续经过几个结晶罐（数量视处理量而定）完成全部结晶过程。为了降低混合物的黏度，在最后一个结晶罐中可用热水稍提高温度，然后将其送入板式加热器中，经换热加温后再将它们送到自清式油 - 皂离心分离机中，离心脱蜡。

（4）低温脱酸 - 脱蜡工艺。酸价低的油如不进行冷却精炼则损失很高。通常可采用加入少量的酸并将油冷却 1 h，再加碱中和游离脂肪酸，之后送入结晶罐，待蜡充分结晶数小时后进行离心分离。最后在真空下进行脱水，得到低温脱酸 - 脱蜡油。

（5）精细（抛光）过滤脱蜡工艺。实为冷冻结晶加过滤助剂的脱蜡工艺。该法一般在脱色前后进行，也可在脱臭后进行。该工艺是将碱炼油冷却到 12 ～ 15℃，搅拌 10 ～ 12 h，再加过滤助剂进行过滤。对未脱蜡的油，在脱臭中油可能会产生聚合或增加过氧化物。将这一方法在脱色和脱臭之间进行，从节约能源的观点上看似乎并不经济，但它的优点是在油的过滤中若发生问题，可以在脱臭中加以预防。因为在脱色前，有少量蜡结晶在油中以固体形式残存，这个阶段进行脱蜡是最经济的。在油脂脱蜡过程中加入过滤助剂硅藻土也有可能带来重金属，从而造成对油脂食用安全的危害。为此加入过滤助剂时要注意将重金属可能带来的危害程度控制在最低。

（6）SOFT 脱胶 - 脱蜡工艺。该工艺是将油加热到 75 ～ 85℃后，加入润湿剂和乙二胺四乙酸（EDTA）的水溶液，使其形成乳浊液，冷却到 6 ～ 8℃后转送到结晶罐中再缓慢搅拌 8 ～ 10 h，使蜡充分结晶后进行离心分离。SOFT 脱胶 - 脱蜡工艺适用于各种不同的玉米油和葵花籽油的物理精炼。在该法中无中性油皂化的危险，油中的肥皂含量极少，只用离心机即可完成操作。蜡分的结晶成长是在脱胶后进行，最终产品中磷脂的含量低，不用进行深度精细（抛光）过滤就可以得到良好的冷冻实验稳定性。另外，油中铁、镁、钙的含量也很低，氧化稳定性也很好。

6. 冬化

冬化处理是将油脂冷却使凝固点较高的甘油酯等结晶析出的过程。油脂经脱胶、脱酸、脱色、脱臭后，冬季还会有少量固体脂呈絮状沉淀析出，影响外观。冬化是油脂在缓慢搅拌下，控制冷却速度冷却到 4 ～ 6℃约 24 h，使固体脂生成较大结晶，分离析出后过滤，把液体油和固体脂分离。

在较低温度下，米糠油会因组分中存在蜡质及含有较多饱和脂肪酸甘油三酯而变得混油。这种物理特性使米糠油无法通过5℃的冷冻实验，因此需要对米糠油进行冬化。为了得到澄清的油，冬化温度必须低于脱蜡温度。由于存在大量的饱和脂肪酸（约20%），米糠油在较低温度（约8～10℃）下难以进行脱蜡。一些研究表明，油和蜡质的最高分离效率（89.1%）是在冷却速度2℃/h（从30℃到20℃）和冷却速度0.5℃/h（从20℃到10℃）时的分步结晶得到的，再通过离心机分离出固体蜡质。由此制得的米糠油熔点最低，且油酸/亚油酸的比例最高。经冬化后米糠油中的饱和脂肪酸甘油三酯几乎可完全去除。经过脱蜡和冬化处理的米糠油在寒冷地区已得到消费者的认可。在另一项调查中，将米糠油加入冬化罐，预热到50℃，在缓慢搅拌下以1.5℃/h的速度冷却到5℃，持续24～40 h，并过滤内容物。由此得到的米糠油通过了冷冻实验，其质量也得到了广泛认可。

（五）影响食用油质量的主要因素

1. 毛油品质不佳、未进行完整的精炼

精炼不彻底导致含毒物质未清除会影响食用油质量。小作坊刚压榨出的油样由于未经完整的生产线精炼处理，常包含了大量的胶质物质、机械杂质等，质量一般。此外，部分油样还含有农药残留、汞、砷及棉酚等物质。有些人喜欢食用含有芥酸和硫代葡萄糖苷、香气浓郁的"土菜油"，这种油在食用后会对身体造成伤害。食用油标准规定，毛油仅可作为原油使用，通过精炼处理后才可食用。由于粮油市场的开放，有些机榨毛油直接进入市场，这些油脂含有大量的杂质、水分、磷脂及游离脂肪酸，其质量指标达不到国家二级食用油的质量标准，这种未经精炼的油脂不仅降低了油脂的食用质量和贮存时间，而且极大地危害了人们的身体健康。毛油中过多的杂质会使油脂色泽加深、浑浊，而且在烹饪中，由于磷脂的存在，油脂受热会大量起泡泛沫，煎炸食物时会引起"溢锅"，严重影响使用质量。毛油中如含有过量的水分和杂质，会加快油脂的分解变质，使油脂中的游离脂肪酸含量增加，从而很快酸败变质，不利于油脂贮存，体现在理化指标上就是其酸价增加。要精炼的毛油必须进行相关检测，控制品质，对于严重酸败、黄曲霉毒素等超标、已经被氧化的毛油要及时进行处

理，拒绝进入流通销售或精炼。

2. 油脂氧化及酸败

植物油都含有大量的不饱和脂肪酸，当植物油受到光照、热能及金属等条件影响，不饱和脂肪酸的双键会与空气中的氧气发生氧化反应，分解出具有挥发性的醛与酮类物质，大大降低了植物油的营养价值，还会影响食用的口感。同时，油脂所产生的氧化产物会引发人体内脏组织的病变，降低身体内部酶的活性，加速人体衰老，甚至引发阿尔茨海默病、高血压及动脉粥样硬化等。

3. 浸出溶剂残留超标

溶剂浸出的食用油易出现溶剂残留超标的情况。当前我国对该项标准有明确的规定，在人们所食用的植物油中溶剂残留物不得超过 50 mg/kg。当前，最常用的浸出溶剂是 6 号抽提溶剂油，该溶剂包含了正己烷、庚烷及甲苯等对人体有害的物质，具有一定的毒性。长期食用不符合标准的食用油会对人的中枢神经造成伤害，导致人体的各项机能紊乱，引发病变，若摄入量过多还会出现窒息的情况。

（六）要避免油脂过度加工

在我国油脂工业快速发展的同时，有识之士已开始反思食用油加工和消费领域存在的误区。误区之一就是盲目与国际接轨，普遍加工和食用高度精炼的油脂。我国人群的饮食习惯与西方发达国家明显不同。西方发达国家菜肴以凉拌、色拉为主，一级油（色拉油）是其菜肴专用油，而我国菜肴以高温烹调为主，适合使用二级油（高级烹调油）等适度精炼油品。过分推崇油品"精而纯"，片面追求无色无味，导致油脂过度加工。市场上供应的琳琅满目的各种小包装油，几乎都是经过"四脱"乃至"五脱""六脱"处理的高度精炼油，有的甚至是"七脱""八脱"，其纯度几乎可与纯净水相比，而低度和适度精炼油在大宗油脂中已难觅行踪。目前一级油在我国被广泛用于日常烹调，成为食用油消费的主要品种，二级油仅占食用油总量的 3% 。这种状况不但加剧了资源和能源消耗，加大了环境压力，而且造成了油品中天然有益营养素损失严重，并伴生新的食品风险因子。

1. 过度加工的油品天然营养素损失严重

食用油不只是一种高能食品，也是一种营养素密度高的优质食物。若仅减少膳食总脂肪量对健康并不一定有益，而适量的摄入优质油脂对人体健康更为有益。目前食用油的营养研究已从宏量营养素转向微量营养素层面，认知达到了新阶段、新高度，其部分成果已被纳入公共营养政策，为食用油加工指明了新方向、提出了新任务。要关注食用油的营养与安全相关性，但保留食用油中的营养成分又可能伴随存在多种有害物质，如何选择恰当的工艺将食用油中有害成分除净，而将有益营养成分有效保留始终是食用油精炼和提纯的重要课题。过度加工的油品虽然外观诱人，但天然营养素损失严重，显著降低了食用油的营养价值。其中，胡萝卜素和叶绿素已大部分被脱除，植物甾醇、维生素 E、角鲨烯视加工程度损失 10% ～ 50%，使食用油的营养价值大幅度降低。维生素 E 是人体必需营养素，植物甾醇预防慢性病的作用也已被确认。中国营养学会建议成人维生素 E 摄入量每天为 14 mg（以 α-TE 计），甾醇每天为 900 mg。《中国居民营养与健康状况监测报告（2010—2013）》指出，目前我国居民 α-TE 人均摄入量每天仅为 8.6 mg，所摄取的维生素 E 主要来源于烹调油。油品由于过度加工，油中维生素 E 损失严重，导致消费者从油中摄取维生素 E 的水平呈下降趋势，1992 年城市居民通过烹调油摄入的维生素 E 占 69.3%，2012 年只占 60.0%。据估计，油脂过度加工造成天然维生素 E 的损失每年约为 1.5 万吨，超过目前我国天然维生素 E 的产量；植物甾醇每年损失约 3.2 万吨，而我国居民植物甾醇的平均摄入量每天仅为 322 mg，其中 40% 来自植物油。如果能将精炼掉的这些营养素大部分保留在食用油中，则意义重大。

2. 油脂过度加工引发食品安全风险

油脂过度加工还衍生出新的食品风险因子，如反式脂肪酸、3- 氯丙醇酯、缩水甘油酯等，同时导致食用油返色、回味和发朦现象频发。食用油过度加工导致 3- 氯丙醇酯、缩水甘油酯含量较高，这已造成 2008 年日本的花王食用油事件、2009 年欧洲的婴幼儿配方奶粉事件和 2017 年的费列罗巧克力事件。为了杜绝这些食品风险因子的隐患，国际知名公司已对包括我国在内的婴幼儿配方奶粉用油中的 3- 氯丙醇酯、缩水甘油酯、反式脂肪酸含量提出了严苛的安全指标要求。

3. 精炼程度提高、出油率降低、能源额外消耗、"三废"污染环境

随着食用油精炼程度的不断提高，出油率逐步降低，油品以精炼损失率而言，三、四级油约为 2%，一级油则提高至 5% 左右。过度加工不但增大能源额外消耗，同时使用的酸、碱、水和吸附剂等辅料用量也随精炼程度的提高而增加，产生了更多"三废"，污染了环境，为处理"三废"还要增加更多装备，导致产品成本增加。而过度加工产生的副产物大多仅用作低档饲料或废弃物，尚未进一步加工为更有价值的产品，造成巨大浪费。因此，精炼时要注意研究每种伴随物遵循各自机制在加工过程中的迁移变化、加工中风险因子产生的原因，才能在精准适度加工中最大程度保留营养素，依据伴随物的变迁规律对加工过程进行精确设计和精准控制。评价"好油"的三个原则应是脂肪酸组成相对合理、有益油脂伴随物丰富多样、极少或不含风险因子。

我国食用油产量与人均消费量的增速已明显放缓，进入快速发展后的产业优化与结构调整的战略机遇期。我国应大力倡导食用油精准适度加工，在节能减排增效的同时，显著降低油脂加工过程中各种营养素的损失，脱除有害物，避免生成各种风险因子，保障优质食用油产品供给，减少由高脂膳食带来的不利影响，走出"双重营养负担"困境。精准适度加工已成为我国油脂加工业转型和升级的必由之路。

第六章

食用油的储存和包装

　　精炼后的食用油,从出厂、销售,到被消费者购买、食用,通常要经过较长的时间。食用油在实际的储存过程中,若方法不当经常会发生氧化反应,并出现回味臭、酸败臭及回色等变化,从而引起外观、使用和营养成分等方面的变化。这些反应不仅会产生不良气味,而且可能产生毒素。食用油储存过程中,油脂自身所含的物质组分及外在环境等是影响其安全储存的主要因素。食用油在不适宜条件下长期储存会发生酸败,产生游离脂肪酸、酮、醛及过氧化物。过氧化物是油脂酸败的中间产物,因此常以过氧化物在油脂中产生,使过氧化值升高,作为油脂开始酸败的标志。油脂中过氧化物含量的多少与酸败的程度成正比,过氧化值是判断油脂酸败程度的一项重要指标。酸价是衡量油脂中游离脂肪

154

酸含量的指标，油脂在长期储存过程中会在微生物和酶的作用下发生缓慢水解，产生游离脂肪酸。而油脂的质量与其中的游离脂肪酸有关，酸价越小，说明油脂质量越好，新鲜度和精炼程度越好。

为了保证食用油的品质，我国准许在食用油中添加食品添加剂，对其实行正面清单管理，并且遵循必要性原则和尽可能降低使用量的原则，列出了允许使用的食品添加剂种类和最大使用量，规定初榨或冷榨油中不允许添加食品添加剂。

（一）食用油储存期的变化

食用油买回家一段时间后，很多人发现味道有点怪，和刚买回来时不一样。原因在于储存不当食用油发生了氧化反应，这一过程称为酸败。食用油的酸败不像食物腐败、霉变那样容易引起人们的注意。食用油在储存过程中，由于水分、杂质、热能、光照等因素的影响，食用油中游离脂肪酸的含量增加，引起了复杂的化学变化和变质现象。随着储存时间的延长，食用油会发生不同程度的氧化酸败，黄色不断变浅，产生不同程度的"哈喇味"。发生酸败的食用油对人体危害极大，与癌症、冠心病、高血压、高血脂、动脉粥样硬化、糖尿病、肾功能不全及衰老等有密切关系，酸败的油脂一旦进入人体，油脂中的过氧化物就会与细胞膜和酶发生反应，引起一系列的反应。专家指出，食用油酸败后会产生很多有毒的氧化分解物，长期摄入会使人体细胞功能衰竭，诱发多种疾病。建议将食用油储存到深色玻璃瓶中，因为塑料容器中常含有毒物质，长时间与食用油接触，会使有毒物质浸入食用油中，产生腊味，影响食用油的质量。储存时要注意密封、避光、低温、忌水，不要将食用油储存在敞口容器中，尽量储存在密封有盖的容器中，以减少其接触氧气的时间。尽量购买小包装的食用油并置于阴暗环境下，避免阳光直晒。为防止油脂被氧化，可加入维生素 C、维生素 E 等天然抗氧化剂。

1.气味的劣变

油脂酸败的类型也比较多，包含氧化酸败及水解酸败。其中，饱和程度较低的油脂，其稳定性相对较差，经常容易出现氧化酸败的现象；相对分子质量相对较低的油脂也会极易被水溶解，继而产生水解酸败。在食用油酸败的过程中，油脂自身的气味通常会被破坏，容易产生有害物质，不利于人们的身体健康，若是人们不小心误食了，会出现中毒的情况。致毒成分主要是油脂与空气中的氧作用产生的过氧化物，过氧化物中含 5 ~ 9 个碳的 4- 氢过氧基 -2- 烯醛的毒性最大。食用油氧化酸败的氧化过程也比较复杂，无法准确分解出具体的物质成分。在实际的储存过程中，含双键多的多烯酸类植物油氧化会发出腥臭味，该味道与毛油的味道相似，因此也被称为回味臭。当食用油氧化没有得到抑制而继续进行下去时，其中部分分解物质会形成相应的醛、酮、酸等，这些物质具有较强的挥发性，挥发出的气味通常会被称为酸败臭。能够引发回味臭的物质也比较多，如磷脂、氧化聚合物等均会产生大量的回味臭。食用油若没有严格按要求进行储存，在外界环境的影响作用下，会出现油脂酸败的产物。酸败的特征是酸败油中这些低分子降解物会发出强烈的刺激臭味，俗称哈喇味，这种刺激臭味比回味产生的臭味要剧烈得多。

2. 回色

食用油在精炼后，其颜色会不断变浅，最终的成品油通常呈现淡黄色。但在储存过程中，油脂颜色也经常会加深，逐渐恢复到原有的颜色，该现象被称为回色。脱色油比碱炼油更易回色，故对回色严重的油脂而言，两者在色泽上并无一般关系可循，油料未成熟时收获后制得的油脂最容易回色。绝大多数食用油及其制品在储存过程中会出现回色现象，油脂发生回色现象与油脂中生育酚氧化生成色满 -5,6- 醌类色素有关。回色程度和回色时间因储存条件不同而异，回色较快的出现在油脂产品制成几个小时之后，慢的在数月甚至半年之后。在相同环境条件下，各种食用油及其制品由于油脂分子构成及所含的微量元素不同，其回色程度也大不相同。大豆油因其色素组成较特殊，回色现象较少，回色现象最突出的是棉籽油。回色油的色泽稳定性会减弱，受外界影响，稍被氧化色泽即加深。

（二）油脂的种类和脂肪酸组成影响食用油的安全储存

在油脂氧化的过程中，其氧化速度通常与脂肪酸的不饱和程度及分布位置相关。油脂的稳定程度经常随着其碘值进行上下浮动，由于在油脂中通常含有相应的抗氧化剂，抗氧化剂的含量对油脂的稳定性会产生一定的影响。另外，同样是单烯酸，反式脂肪酸形成的酯较顺式脂肪酸形成的酯稳定性高。不饱和脂肪酸位于甘油 1,3 位的酯较位于甘油 2 位的酯活度高，即容易被氧化。研究表明，在甘油三癸酸酯中添加少量甘油三亚油酸酯和甘油三亚麻酸酯作为试样 A，将试样 A 在甲醇钠催化下进行酯交换反应，作为试样 A′，为混合甘油三酯。对试样 A 和试样 A′做氧化速度测定，结果表明，酯交换生成的混合甘油三酯的抗氧化稳定性提高。

（三）食用油的抗氧化措施

食用油通常含有较高的不饱和脂肪酸，在其储存、运输和食品加工中常发生不同程度的氧化变质，不仅导致食用油气味和滋味严重劣变，影响食用价值，而且会危及人体健康。食用油保鲜的关键就是抗氧化。食用油的保质期一般为 12 ～ 18 个月，一般来说保质期大于 12 个月的都需要做抗氧化处理。食用油开封后受光照、湿度、氧气等储存条件的影响，即使采用了保鲜技术，氧化过程也不可避免。所以，食用油开封后应尽快食用，尽量在 1 ～ 2 个月内用完。目前业内抗氧化的技术主要有添加抗氧化剂和采用充氮保鲜技术。

1. 添加抗氧化剂

为了防止食用油氧化变质，延长产品的货架期，食用油中会添加适宜的抗氧化剂。食用油抗氧化使用的传统化学合成的抗氧化剂有 BHA、BHT、PG 和 TBHQ。它们都具有较好的抗氧化效果，并在油脂中得到了一定的应用，但由于它们潜在的毒性甚至致癌作用，具有较高的食品安全风险，许多国家已禁止使用。

维生素 E 有抗氧化的作用，也是抗氧化剂，虽然效果比 TBHQ 差一些，但由于它是天然的抗氧化剂，能消除消费者对化学合成添加剂的不安心理。添加的维生素 E 实际上也分天然和合成两种，天然维生素 E 从天然植物油中提炼而成，合成维生素 E 则是由石油化工的副产物化学合成的。天然维生素 E 在生物活性、生物吸收度和安全性方面具有合成维生素 E 所不具备的优势。

一般食品中抗氧化剂的测试方法有高效液相色谱法、高效液相色谱 - 质谱法、气相色谱法、气相色谱 - 质谱法、比色法等。

2. 充氮防氧化

充氮保鲜技术是利用天然氮气是惰性气体、不易挥发和能隔离空气的原理来达到保鲜效果的。避免油脂与氧气接触，防止油脂氧化，保存了食用油的口感、口味和丰富的营养精华。充氮保鲜技术在食用油领域还是新技术，这种物理保鲜方法的优势在于不添加化学合成添加剂，更加健康。不过，充氮保鲜技术对工艺、设备等要求很高，从压榨、精炼、储存、包装到运输，厂家必须投入很大成本。这种工艺目前只有多力葵花籽油等少数生产企业使用。生产企业有专业的工艺来保鲜食用油，但食用油出厂进入厨房中，其保鲜问题就常常被很多消费者忽略，主要是开封后食用油的储存条件和时间。专家指出，开封后的油脂暴露在空气中，光照、湿度、温度等都会影响食用油的氧化过程，因此需要有一些简单易行的方法来保证食用油的品质。

3. 低温、避光储存

食用油的最佳储存温度是 10 ~ 25℃，存放在避光、通风处，因为阳光中的紫外线和红外线也会促使油脂氧化及有害物质形成。食用油在不使用时，除了远离炉灶，还应避免靠近暖气管道、高温电器等。家庭用油最好现买现吃，这样既新鲜又卫生。不要在家中储存过多的食用油，且最好在食用油产品标明的保质期内使用。

4. 精选容器

储油的容器必须干净、干燥，封口要好。最好使用深色而不是透明的玻璃瓶，塑料桶虽然轻巧方便，但不宜作为储油容器，因为塑料中的增塑剂会加速油脂酸败。铁、铜、铝制品等金属容器也不宜盛油，它们都有加速油脂酸败的作用。此外，长期使用的装油容器应定期清洗，滤干水分再用，因为水的混入也会加速油脂的水解和氧化酸败。需注意的是，装油的瓶子不要用有异味的橡皮瓶塞。家庭装食用油通常为一次性用油，不适合反复使用。反复高温加热的食用油，会产生有一定毒性的物质，长期食用有害健康。

（四）天然抗氧化剂

天然抗氧化剂具有高效、安全、无毒或低毒等特点，是抗氧化研发的重要方向之一。加强食用油天然抗氧化剂的研究和开发，既能解决食用油氧化变质的问题，也能更好地保障食品安全及提高保健功能，具有重要的科学及社会意义。已知食用油天然抗氧化剂有油源性和非油源性两大类。

1. 油料来源的天然抗氧化剂

油源性天然抗氧化剂的研发重点是如何让油料中的抗氧化成分尽可能多地进入食用油中，主要有以下几种：

（1）橄榄多酚。橄榄多酚是橄榄果肉中含苯甲酰结构的酚酸类，有较强的抗氧化性，主要为没食子酸和鞣酸。橄榄多酚对羟基自由基、亚硝酸盐具有较强的清除作用，但在相同浓度下，橄榄多酚对超氧阴离子自由基的清除率低于维生素 C 和 BHT。

（2）芝麻酚。芝麻酚即 3,4- 亚甲二氧基苯酚，是芝麻油重要的抗氧化剂和主要的香气成分。芝麻酚加入大豆油中，其抗氧化性弱于 BHT，但在猪油中芝麻酚的抗氧化性与 TBHQ 相当，强于 BHT，而且在加热过程中比维生素 E 具有更高的稳定性和抗氧化性。

（3）维生素 E。维生素 E 包括生育酚和生育三烯酚两种化合物，其中 α - 生育酚在自然界中分布最广泛、含量最丰富、活性最高，对酸、热都很稳定，对碱不稳定，若在铁盐、铅盐或油脂酸败的条件下，会加速氧化而被破坏。维生素 E 在植物油中的含量为核桃油＞玫瑰茄籽油＞香麻油＞葵花籽油＞花生油，利用油本身自带的维生素 E 来抗氧化，对于保持植物油的抗氧化性有很大的意义。维生素 E 不但可以中断氧化游离基，而且能淬灭单线态氧，0.02% 维生素 E 对红花油的氧化抑制率为32.14%。

（4）植物甾醇。植物甾醇为环戊烷多氢菲的 3- 羟基化合物，是一种结构和生化特性与胆固醇相似的甾醇类物质，主要为 4- 无甲基甾醇、4- 单甲基甾醇和 4,4- 二甲基甾醇 3 类。植物油中甾醇主要以游离形式和脂肪酸酯形式存在，通常与亚油酸、油酸结合，少量与酚酸结合，最主要的甾醇是 4- 无甲基甾醇，占 50% ～ 97%。0.5 mg/mL 植物甾醇对羟基自由基的抑制率为 78.3%，对超氧自由基的抑制率为 67.5%，与维生素E 一起添加到菜籽油中，能相互协调起到增强油脂抗氧化能力的作用。

（5）磷脂。磷脂的抗氧化作用较弱，可作为维生素 E 的增效剂，协同加强维生素 E 发挥抗氧化性，含有磷脂的毛油比精炼油的抗氧化性要强。

（6）米糠素。米糠素又称谷维素，是阿魏酸与植物甾醇的结合脂，它可从米糠油、胚芽油等谷物油脂中提取出来。其外观为白色至类白色结晶粉末，加热可溶于各种油脂，不溶于水。其对米糠油的抗氧化效果为维生素 E 的 1/10 ～ 1/5，对猪油也具有较明显的抗氧化效果。

2. 非油料来源的天然抗氧化剂

非油源性天然抗氧化剂的研发重点则是研发安全高效的天然抗氧化剂及其制备工艺。

（1）茶多酚。茶多酚是茶叶中多酚类物质的总称，主要有儿茶素类、黄酮类、花青素类及酚酸类等，儿茶素是茶多酚中活性较强的物质，具有较活泼的羟基氢，能提供氢质子。其中表没食子儿茶素没食子酸酯（EGCG）可从中国绿茶中提取，是绿茶主要的活性和水溶性成分，是儿茶素中含量最高的组分，占绿茶毛重的 9% ～ 13%。因为它特殊的立体化学结构，具有非常强的抗氧化性、清除自由基活性。对植物油的抗氧化性高于维生素 E 而低于 BHT，对动物油的抗氧化性明显强于维生素 E 和 BHT。在 160℃的食用油中添加茶多酚 30 min 后，茶多酚含量仅降低了 25%，食用油的过氧化值几乎不变，说明其在高温下具有很好的抗氧化效果。

（2）苹果多酚。苹果多酚是苹果中所含多元酚类物质的统称，多元酚类物质广泛存在于水果蔬菜之中，粗苹果多酚中含有绿原酸、儿茶素、表儿茶素、苹果缩合丹宁、根皮苷、根皮素、花青素等。其中苹果缩合丹宁约占多元酚总量的一半。苹果多酚主要成分为原花青素、酚酸和黄酮类物质，含有大量的酚羟基，具有较强的提供氢质子的能力，可将高度氧化性的自由基还原成稳定自由基，从而终止自由基连锁反应达到清除自由基和抑制脂质过氧化的目的。通过苹果多酚提取物的体外抗氧化实验证明，苹果多酚对植物油和动物油均有明显的抗氧化作用，尤其对延长芝麻油的保质期有明显效果，其对植物油的抗氧化效果远优于 BHT，清除自由基的能力高于茶多酚，并且与螯合剂柠檬酸复配后，其抗氧化能力增强。

（3）迷迭香提取物。迷迭香提取物的有效成分为迷迭香酚、迷迭香酸、鼠尾草酚、鼠尾草酸等。以红花油为底物，迷迭香提取物鼠尾草酸的抗氧化功效远高于维生素 C、维生素 E、茶多酚等天然抗氧化剂，更优于合成抗氧化剂 BHT、BHA，且其结构稳定、不易分解，可耐 190~240℃高温。迷迭香提取物与其他化学和天然抗氧化剂相比，抗氧化性更好，且许多欧美国家对其添加量没有限制，可得到更广泛的应用。

（4）竹叶抗氧化物。竹叶抗氧化物的主要活性成分是以荭草苷、异荭草苷、牡荆苷和异牡荆苷为代表的黄酮苷，具有良好的类超氧化物歧化酶活性，能有效地阻断亚硝化反应。竹叶提取物具有很好地清除有机自由基 DPPH、超氧阴离子、羟基自由基的能力，又通过竹叶功能因子生物抗氧化性研究，证明其具有优良且稳定的抗活性氧自由基效能，且不会因使用量的增加而出现相反的促氧化作用。

（5）植酸。植酸又名肌醇六磷酸，在多种植物组织（特别是米糠与种子）中作为磷的主要储存形式，分子结构成环状对称，具有很强的络合能力，可与有促进氧化作用的金属离子螯合而使金属离子失去活性，并且同时释放氢原子，破坏自动氧化产生的过氧化物，使之不能继续形成醛、酮等产物。在浓度为 0.5 mg/L 时，对 DPPH 自由基、羟基自由基、超氧阴离子的清除率分别为 25.81%、15.93%、5.90%，不会催化羟基自由基的产生。添加 0.01% 植酸到食用油中，可以提高油脂的抗氧化性，棉籽油提高 2 倍，大豆油提高 4 倍，花生油提高 40 倍，植酸的抗氧化性优于 BHT 和维生素 E。

（6）β-胡萝卜素。β-胡萝卜素的分子式为 $C_{40}H_{56}$，是类胡萝卜素之一，为橘黄色脂溶性化合物，是自然界中最普遍存在也是最稳定的天然色素。通过物理方法从杜氏盐藻养殖湖中得到杜氏盐藻的浓缩悬浮水溶液，用物理方法进一步浓缩，得到天然类胡萝卜素的浓缩物，其中含有 90% 以上的 β-胡萝卜素，10% 以下的 α-胡萝卜素及 2% 以下的其他胡萝卜素异构体，然后用食品级的植物油稀释成所需浓度的油悬浮液。在植物油中，β-胡萝卜素作为抗氧化剂，不仅能淬灭自由基，还可以淬灭自由基前体单线态氧，对花生油和猪油的抗氧化性弱于番茄红素，但在猪油中强于维生素 C。

（7）番茄红素。番茄红素是植物中所含的一种天然色素，主要存在于茄科植物西红柿的成熟果实中。它是目前在自然界植物中被发现的最强抗氧化剂之一，是一种不含氧的类胡萝卜素，由 11 个共轭及 2 个非共轭碳碳双键组成，能淬灭单线态氧和清除过氧化自由基，抑制脂质过氧化。番茄红素对猪油和菜籽油都有较好的抗氧化效果，强于人工合成的油用抗氧化剂 TBHQ、BHA 和 BHT，与茶多酚相当。20 ppm 番茄红素添加量能有效抑制大豆油体系光敏氧化作用，能使大豆油过氧化值平均降低 31.78%。同时番茄红素是脂溶性物质，溶于食用油中可得到功能性油脂，更好地促进番茄红素的吸收。

3. 研发中的非油料来源天然抗氧化剂

（1）葡萄多酚。葡萄多酚主要来源于葡萄皮和葡萄籽。葡萄皮中的多酚成分主要为花色素类、黄酮和白藜芦醇，葡萄籽中的多酚成分主要为原花青素、儿茶素类、槲皮苷、单宁。200 mg/kg 的葡萄多酚即可使葡萄籽油的保质期延长近 4 倍，猪油的保质期延长 15 倍，其作用效果强于 BHT。但对氧自由基和羟基自由基的 IC_{50} 远不如花生壳多酚。

（2）核桃叶多酚。核桃叶多酚是用热水从核桃叶中提取的抗氧化物，通过对羟基自由基和 DPPH 自由基的清除作用，来防止食用油氧化。其清除羟基自由基的能力远高于茶多酚，不仅减少了核桃油的过氧化，还减少了外来添加剂对核桃油色泽、口感造成的不足。

（3）木醋液多酚。木醋液多酚是木材干馏得到的冷凝液经静置并分离出焦油后的棕红色液体。核桃壳、棕榈壳、杏仁壳均可通过干馏得到这种液体。木醋液多酚具有很好的抗氧化性，可以清除自由基，抗脂质过氧化能力也非常强，并且在持续高温、煎炸条件下对核桃油的过氧化仍有很好的抑制作用。

（4）花生壳多酚。花生壳中含有 3.34% ～ 7.13% 的多酚类化合物，其中黄酮类物质木犀草素含量约 0.3%。对花生油、葵花籽油和猪油的抗氧化作用弱于 TBHQ，但对花生油和葵花籽油的抗氧化效果优于茶多酚。对氧自由基和羟基自由基的 IC_{50} 均为微克级水平，优于葡萄多酚的毫克级水平。

（5）槐角黄酮。槐角黄酮是槐角的主要活性成分，通过测定油脂的过氧化值发现，其对大豆油有一定的抗氧化效果，添加量为 0.025% 时，抗氧化作用强于 TBHQ，其同维生素 C 或柠檬酸联合使用时，存在协同作用，与维生素 C 复配时，抗氧化作用尤其明显。

（6）笋壳黄酮。笋壳经 70% 的乙醇提取、大孔树脂纯化可得得率为 0.07% 的笋壳黄酮。以菜籽油为底物，采用国家标准测得笋壳黄酮的抗氧化性高于芦丁，但小于同等浓度条件下人工合成的 TBHQ。

（7）鼠曲草总黄酮。鼠曲草又名佛耳草、清明菜，系菊科鼠曲草属植物，具有降血脂、降血糖、降血压、抗衰老、消炎抑菌、增强免疫力等多种功效。鼠曲草采用 60% 醇提、大孔树脂纯化可得纯度达 59.4% 的鼠曲草总黄酮产品。鼠曲草总黄酮对大豆油有一定的抗氧化效果，且维生素 C、柠檬酸和酒石酸对鼠曲草总黄酮的抗大豆油氧化效果均有增效作用，0.05% 鼠曲草总黄酮与 0.02% 人工合成的 BHT 抗大豆油氧化效果相近，且 0.05% 鼠曲草总黄酮和 0.02% TBHQ 混合使用时，抗大豆油氧化效果更好。

（8）麦冬总黄酮。用 80% 乙醇超声辅助提取麦冬叶中的总黄酮，得率约为 1.7%，该提取物清除羟基自由基的 IC_{50} 为 2.868 mg/mL。从麦冬须根中分离得到 10 个异黄酮类化合物，清除羟基自由基的最高 IC_{50} 为 0.125 μg/mL，对植物油和动物油的抗氧化效果强于维生素 C 和柠檬酸，尤其对动物油的保护效果更佳。

（9）银杏叶黄酮。银杏叶黄酮提取液对羟基自由基、超氧自由基、DPPH 自由基均有较强的清除作用，与维生素 C 溶液有协同作用，混合后清除率有所提升。它能有效抑制大豆油的自动氧化，相同浓度下苷元型比糖苷型有更强的抑制脂质氧化的能力，且抗氧化作用随着时间的延长越接近同浓度 BHT 的抗氧化能力。对羟基自由基的清除作用为麦冬总黄酮＞槐角黄酮＞鼠曲草总黄酮＞花生壳多酚＞银杏叶黄酮＞葡萄多酚＞笋壳黄酮；对氧自由基的清除作用为槐角黄酮＞花生壳多酚＞麦冬总黄酮＞银杏叶黄酮＞笋壳黄酮＞葡萄多酚；对 DPPH 自由基的清除作用为葡萄多酚＞槐角黄酮＞笋壳黄酮＞麦冬总黄酮＞花生壳多酚＞银杏叶黄酮＞鼠曲草总黄酮。综合比较，槐角黄酮的抗氧化性较强，更具有研发价值。

（五）用于食用油的天然抗氧化剂

油脂中天然抗氧化剂的含量越高，油脂的氧化诱导期越长，其在储存过程中就越不容易发生品质变化。通常情况下，植物油含有的不饱和脂肪酸远远高于动物油，但其稳定性相对较高，主要是由于植物油中存在相应的抗氧化剂，能够大大提升油脂整体的稳定性，并且在对植物油进行精炼的过程中，大部分的抗氧化剂得以保留。天然抗氧化剂在食用油中的使用有如下几种方法。

1. 在制油过程中从油料中直接引入

将油料本身含有的天然抗氧化剂直接引入食用油中是食用油天然抗氧化的最佳方法。不同加工工艺提取的食用油中所含的抗氧化成分及含量不同：油橄榄叶通过120℃高温短时萃取可获得多酚含量较高的橄榄油；水代法制备芝麻油可获得芝麻酚含量较高的芝麻油；超临界CO_2萃取相较于水代法和溶剂法可获得黄酮含量较高的核桃油，而料液比为1：6的正己烷浸提、离心旋蒸后可获得植物甾醇、维生素E含量较高的核桃油；热榨山茶油中茶多酚类物质、角鲨烯、甾醇含量较冷榨油明显升高。

2. 添加提取得到的天然抗氧化剂

将提取得到的天然抗氧化剂添加到食用油中：将竹叶提取物和核桃壳提取物添加到核桃油中，其抗氧化效果均随添加浓度的增加而增强，且核桃壳提取物的加入不仅减少了杂质的引入，还充分、合理地利用了资源；将超声波萃取得到的麦冬总黄酮加入植物油和动物油中；在芝麻油和猪油中按油重的0.5%添加苹果多酚，可显著延长芝麻油的保质期，并对猪油氧化有很强的抑制功效。

3. 提高抗氧化剂脂溶性后再添加

天然多酚、黄酮、咖啡酸的脂溶性较差，通过分子修饰，去除亲水基团、引入亲油基团可提高其脂溶性，按修饰机理可分为醚化（甲基化）、酰化、酯化及其他修饰。目前所用的分子修饰法主要是化学修饰法和酶修饰法。化学修饰工艺已比较成熟，例如，用乙酰化法制备的脂溶性乙酰茶多酚酯，即是茶多酚的酚羟基变成乙酰酯基后成为脂溶性茶多酚，是一种优良的抗氧化剂，可完全溶于油样中，大大提高了食用油的抗氧化性；在亚油酸及其乳化体系的氧化实验中，也表明脂溶性茶多酚和水溶性茶多酚混合处理组的抗氧化作用显著优于水溶性茶多酚和脂溶性茶多酚单独处理组。另外，以对甲苯磺酸为催化剂将烷基咖啡酸酯化生成烷基咖啡酸酯，其兼具强脂溶性和高抗氧化性，明显增强了食用油的稳定性。但化学修饰法中所使用的有机反应试剂限制了天然抗氧化剂在食用油中的应用。

用化学修饰法以脂肪酸酐和茶多酚为原料酯化合成茶多酚酯，大大改善了茶多酚的脂溶性，并且保留了抗氧化性，为茶多酚在油脂领域的复配添加提供一定的技术支持。但这一方法存在的缺陷也很明显，一是修饰过程中酚羟基损失大，导致抗氧化性降低；二是反应的选择性较差，缺乏专一性的催化条件，不利于产物的分离和结构鉴定。酶修饰法受到了越来越多的重视，利用羧酸酯酶进行酯交换制备的脂溶性儿茶素，在油脂中得到了安全、有效的抗氧化效果，与柠檬酸、没食子酸、维生素C或维生素E中的一种或几种配合使用更有协同增效作用。采用酯化修饰的方法，以脂肪酶作催化剂，在黄酮类化合物的分子中引入不饱和脂肪酸，这不仅可以提高黄酮类化合物在油脂中的溶解性，还可以提高油脂的抗氧化性，安全高效，具有一定的开发潜力，为黄酮类化合物在食用油抗氧化领域的应用开辟了途径。

4. 天然抗氧化剂和复配抗氧化剂的使用

用天然抗氧化剂和复配抗氧化剂取代合成抗氧化剂是今后食品工业的发展趋势，既有望较好地解决食用油氧化变质及食品安全问题，也有望兼顾保健功能强化，具有重要的科学及社会意义。此外，在开发油用天然抗氧化剂的同时，探索一种安全、高效、副产物少的分子修饰方法，使得水溶性天然抗氧化剂能够更好地溶解于食用油中，并且不影响其抗氧化性及油脂的理化性质，这对深化我国天然产物资源的利用、开发具有多功能的食品添加剂及提高油脂的氧化稳定性都具有重要的意义。

（六）除去食用油中的水分

储存的油脂中要不含水分。水分具有促进油脂水解的作用，在脂肪酶的作用下，水解速度加快。因此，水解酸败多数发生在人造奶油、糠油等一类产品中，这些油脂水含量高或者脂肪酶含量高，若储存不当，水分对其影响甚大。精炼油受水分的影响较小，因为精炼油的含水量一般小于 0.1%，为此有些油脂在精炼时要注意脱水。

（七）储存要避氧、避光、低温，包装材料要符合要求

食用油在储存过程中受各种因素影响，如空气、光线、包装材料等都会对油脂产生影响，因此要正确合适地储存食用油。

1. 避免空气氧化

食用油氧化通常是指被空气中的氧气所氧化。油脂在储存过程中处于封闭的空间内，应当在一定的空间内进行充氮储存，若没有空间条件，则应当在盛具内装满油脂，以此降低油脂与空气接触的概率。充氮储存及满罐贮油技术就是从隔绝空气的目的出发。包装容器含氧包括制品中溶解氧及剩余空间存氧，二者都会导致油脂氧化。如果没有做充氮等特殊处理，包装容器内就存在氧气，不同油品、包装品，其含氧量也各不同。油品溶氧量会随温度的升高而上升，如大豆油在30℃及60℃下的氧气吸收系数分别为 0.141 和 0.251。由于油品的等级不同，食用油中的含氧量也有所不同。通常情况下，油脂酸败过氧化值大约为 200 mmol/kg，总羰量为 100 mmol/kg，若在油脂的储存过程中，不存在其他氧化物，则促使酸败的含氧量为油脂量的 0.4%。

2. 阻断光线

光对油品质量的影响仅次于氧气。光对油脂的氧化起诱发及加速作用，如有叶绿素等光敏物质存在，油脂的氧化速度会加快。用紫外线照射豆油的研究表明，毛豆油对光的稳定性优于碱炼豆油，除去天然色素后油脂对光的稳定性有所提升，而添加胡萝卜素的脱色豆油稳定性最差。光线对油脂的促氧化作用随光线的波长和照度的变化而异。波长越短，促氧化能力越强。波长在 500 nm 以下的光线对油脂氧化产生的影响较大。为了抑制光线对油脂的促氧化作用，至少要遮断波长在 550 nm 以下的光线，如用塑料薄膜包装时可涂上红褐色。

3. 低温保存

油脂的氧化会因温度上升而明显加剧。一般而言，在 20 ~ 60℃，油温每升高 15℃，油脂的氧化速度提高 1 倍。对于与空气接触的油品的

储存，其储存温度要求不低于环境温度，以免吸收空气中的水分。人造奶油、起酥油等油脂深加工产品的稳定性受温度影响很大，储存温度应在规定范围内，即 -5 ~ 5℃，以保持晶型，但温度过低反而会破坏晶型。

4. 使用符合要求的包装材料

因油脂通常与包装容器直接接触，所以容器所用的材料种类及卫生状况等都会对油脂的品质造成影响。若使用气体阻隔性差的包装材料，会使油脂储存过程中氧气的渗透率增高，从而加速油脂的氧化，促使油脂发生氧化酸败，缩短其保质期。酸败的油脂其营养价值大大降低，而且会引起一系列毒性作用和疾病，严重影响人体健康。因此，需严格遵守原材料方面的卫生标准，且使用符合要求的包装材料。在食用油的包装过程中，通常对其进行严密包装，包装内部的氧气含量相对较少，因此不会快速地发生酸败现象。在该情况下，包装材料则会对油脂氧化起到严格的控制作用，增强油脂储存的稳定性。目前由于转基因油料的安全性不断受到质疑，由转基因油料加工而来的食用油的安全性也越来越受到人们的关注。转基因油料（抗除草剂大豆、抗虫玉米和抗除草剂油菜籽）在世界范围内的种植面积很大，转基因油料应做好标记、隔离储藏、单独加工，食用植物油产品国家标准特别规定了转基因必须进行标识，以维护消费者的知情权和选择权。

5. 避免细菌污染

食用油及其制品被细菌污染后会立即发生酸败现象，同时油脂内的细菌数量逐渐增加，致使油脂出现腐败现象，在产品的表面也通常会出现被污染的特征，若不小心食用会对人们的身体产生较大的影响。为此，在食用油生产的过程中，工作人员需加大对油脂品质的检查力度，注意制作卫生，避免被细菌污染，影响产品的质量。在产品的包装过程中，还需采用无菌材料，并对其质量进行严格审查，确保食品安全。并且，还应当充分利用相关的机械化装置，如用不锈钢设备对油脂进行封闭操作，并对其进行不断搅拌，可有效降低污染物与油脂过度接触。

　　总而言之，在食用油的生产及储存过程中，应当加大对油脂的检查力度，对其质量进行全面检测；采取有效的方法，对油脂进行严格保存；不断完善各个环节，逐渐提升各项工序，充分提升油脂储存的稳定性，为人们提供健康合格的食用油。

第七章

食用油的检测

随着人们愈来愈认识到脂肪酸在人体生命中的重要作用，愈来愈重视食用油的安全与营养，风险评估已是广大油脂企业的日常性内容。目前对食用油的营养和健康方面的研究与认识主要还局限于脂肪酸层面，对脂溶性营养成分的营养性与功能性尚不够重视。食用油中的营养成分又称脂溶性营养成分，包括脂肪酸、维生素、植物多酚、植物甾醇、角鲨烯等，对人体健康十分有益，应引起我们的足够重视。

食用油作为高风险产品一直是监管的重点和难点，从原料采收、加工、运输及储存各个环节都有可能面临风险。近几年国家食品安全监督抽检结果表明，我国食用油虽然整体质量状况相对较好，但少数食用油问题相对突出，其中包括酸价，过氧化值，危害因子苯并 [a] 芘、真菌毒素、增塑剂等超标严重。为此，多环芳烃与真菌毒素中的玉米赤霉烯酮、黄曲霉毒素等已成为常规控制项目，食用油安全检测项目也越来越多。食用油的质量是我国食用油检测工作的重中之重，其劣质掺假等问题已成为食品质量急需解决的重要问题。一些采用精炼技术的劣质掺假食用油中许多理化标准已达到国家食用油的标准，且劣质掺假食用油种类较多，个别指标还无法定量检测。因此，在食用油质量检测时应采用单指标和多指标相结合的方式进行检测。

在生活中，对食用油的质量消费者主要根据颜色、气味、味道等感官的方式及燃烧声音进行基本辨别，进而初步判断油品的质量。感官检测作为人们主观意识的一种形式，其准确性较低、局限性较大，加之不法分子借助现代技术的掺假水平不断提升，感官的质量判断相较于检测结果往往会出现较大的偏差。因此，需要借助更加科学有效的现代技术手段对食用油产品进行检测。在食用油提取和精炼过程中还会伴生若干新的有害成分。蒸胚或烘炒对香味成分的生成有重要作用，但控制不好易生成多环芳烃，后期脱色工艺可以去除多环芳烃，但可能会损失各类营养成分。其中脱臭显著影响生育酚等营养成分的含量，大多数营养成分都具有抗氧化性等特性，营养成分的流失会影响食用油的品质。

食用油的安全性是涉及人类发展和食品供应的重大社会问题，针对食用油质量安全风险隐患、过程控制及监管需求，我国已经研究制定了比较系统的油料作物全程质量控制技术标准体系。目前，我国已初步建立食用油生产卫生规范、产品标准、基础标准及检测方法等方面的标准体系。2018 年，我国发布的《食品安全国家标准 植物油》（GB 2716—2018），是我国首个强制性的植物油食品安全国家标准，是食用植物油领域最重要的基础性标准，对规范食用植物油产业的健康有序发展具有划时代的影响。植物油中的污染物、农药残留、真菌毒素等物质执行食品安全标准，大多由理化分析（如比色法、滴定法等）、色谱法（如气相色谱法、液相色谱法等）及质谱法（如气相色谱-质谱联用法等）等方法完成，必须强制执行。在油料质量安全标准体系方面，我国已经研究制定了系统配套的双低油菜、花生、大豆全程质量控制技术标准体系。

高效的监督检测工作离不开先进检测方法的支持，目前我国的食用油危害因子检测仍以大型仪器检测为主，但其存在取样慢、耗时久和成本高等问题，不适合大批量产品的筛查。如何快速、简单、高效、低成本地实现对食用油生产及储运的监管对作为食用油生产和消费大国的我们尤为关键。考虑到我国食用油消费量高、检测项目多等实际情况，快速检测方法在食用油安全检测中的应用已开始增多，并且相应的食用油安全快速检测标准也已逐渐发布。如：国家市场监督管理总局发布的《食用油中苯并[a]芘的快速检测 胶体金免疫层析法》（KJ 201910）和《食用油中黄曲霉毒素 B_1 的快速检测 胶体金免疫层析法》（KJ 201708）；中国粮油学会发布的标准《植物油脂中黄曲霉毒素 B_1 的快速筛查 胶体金试纸法》（T/CCOA 31—2020）；目前已立项的两项行业标准《粮油检测 油料油脂中黄曲霉毒素 B_1 的测定 荧光定量快速检测法》和《粮油检测 植物油中玉米赤霉烯酮的测定 荧光定量快速检测法》。这些方法、标准的立项或发布，标志着我国的食用油监管体系和监管手段正在逐步完善，并朝着更加实用、更加简便的方向发展。

（一）检测食用油品质的方法

为保证人们身体健康与饮食安全，做好食用油品质检测尤为重要。

1. 构建脂肪酸指纹谱库

常见的食用油多为植物油，因为油的原料和加工技术等不一样，植物油具有不同的脂肪酸。借助气相色谱和质谱技术可以更好地定量油脂，从而有效建立脂肪酸指纹谱库，由此可对花生油、葵花籽油、菜籽油等多种植物油构建指纹图谱，并展开比较研究。食用油的特定脂肪酸，比如肉豆蔻酸或十七烷酸的含量与地沟油不一致，所含脂肪酸的不饱和度比地沟油的脂肪酸不饱和度更高，通过建立脂肪酸指纹谱库可以提高检测的针对性和检测速度。

2. 脂肪酸分析的结合

通过对不同油脂的脂肪酸组成与含量进行检测，可以选择 4 种数据展开判断研究，即成分分析、神经网络法、脂肪酸含量参数对比、判断分析。依照不同植物油的脂肪酸组成和含量不同，从中选择不同的参数进行对比。脂肪酸参数法可以更好地分析植物油，使用判断方程来分析相应植物油也有一定效果，人工神经网络分析法比较精确。利用直观对比方法把顺式油酸、硬脂酸甲酯的参数编制为二维图，结合植物油的不同判断不同的纯油脂，确定油脂是否真实，并判断油脂是否有假。

3. 毛细管电泳法

毛细管电泳法是将毛细管作为分离媒介，依据以高压直流电场为驱动力的液相分离原理进行检测，这种方法比较方便、有效，可以实现有效的分离。游离脂肪酸通过毛细管区带电泳分离后，选择紫外法检验。通过间接紫外法选择植物油内脂肪酸的类型与含量，在 20 min 内就可以检验出 7 种 $C_{14} \sim C_{18}$ 脂肪酸。同时，结合不同油脂内特征脂肪酸含量实验，分析出不同的植物油。该方法可以节省相当多的检测时间，重复性比较低；通过对缓冲液进行优化可以更好地改善基线的稳定性。

4. 时域太赫兹波谱法

太赫兹波（THz 波）是指频率在 $0.1 \sim 10$ THz 的电磁波，波长大概在 $0.03 \sim 3$ mm，介于微波与红外之间。太赫兹波谱法属于一种新型技术方法，时域太赫兹波谱法也就是观察食用油检测前后太赫兹脉冲时域波的状态。我国在检测食用油品质的时候会使用时域太赫兹波谱法，从而得到食用油的物理参数。通过测量食用油前后或者以反射方式直接测量其太赫兹脉冲时域波形，获得食用油的相关物理参数。此方法利用合格食用油在 1.6 THz 有显著的吸收峰，而多数劣质油在高频处没有显著峰的特点，不合格油在高频位置无明显变化，解决了地沟油检测的难题，具有简便、快速、高效、定量分析的优点。

5. 光谱法

光谱法在食用油质量检测中占据重要地位，主要有近红外光谱法、荧光分光光度法和原子吸收光谱法等。

（1）荧光分光光度法。荧光分光光度法是利用食用油中的表面活性剂对特征荧光的反应不同，判断食用油的质量等级。对纯净的食用油和混杂有味精、砂糖和食盐的地沟油进行荧光光谱分析，发现存在明显的荧光强度差异，由此可见该方法对食用油的质量检测具有较好的效果，为食用油的检测提供较好的参考。

（2）近红外光谱法。近红外光谱法是通过近红外光谱反映食用油中有机化合物对光波的吸收特征，观察在近红外光谱中食用油中的有机化合物在 78 ~ 2500 nm 的吸光情况，进而判断所检测食用油产品的成分及含量，在不需要破坏油品的情况下得出油品的质量。通过傅里叶变换红外光谱法可以检测橄榄油有无掺假，完成高效无损的定量检验。此外，通过近红外光谱法与傅里叶变换红外光谱法对地沟油进行检测，同时融合独立软件技术判断与人工神经网络参数，根据数据信息构建识别模型。其中，利用傅里叶变换红外光谱法结合软独立模式分类法进行检测分析的效果显著。通过该法对食用植物油和地沟油进行光谱分析，发现食用植物油处理后的光谱强度值在 885 ~ 897 nm 的比值大于 1.4，而地沟油在这一范围的比值小于 1.1。在波段范围上升到 2430 ~ 2445 nm 时，食用植物油出现明显峰值，而地沟油则没有。通过光谱分析可明确食用植物油和地沟油间的显著差别。

（3）原子吸收光谱法。原子吸收光谱法是将食用油蒸馏所产生的蒸气进行光源辐射，对辐射出的待测元素进行特征谱线吸收。该技术具备精密度高、灵敏度高及分析范围广的特点，通过对煎炸使用过的食用油进行铜、铁、锌等元素的检测发现，使用过的食用油重金属含量远远高于未使用的食用油，为检测食用油质量提供良好的基础参数。

6. 色谱法

色谱法在食用油质量检测中使用较多，一般可分为液相色谱法、气相色谱法和薄层色谱法。电导法、色谱法和光谱法在食用油质量检测中均能发挥出一定效果，但每种方法都存在一定的局限，在质量检测时往往难以同时保证全面和精准。因此，在实际的食用油质量检测工作中，需对相关检测技术进行不断革新升级，同时加强技术联合，最大程度地提升食用油的质量检测水平。

（1）液相色谱法。液相色谱法的流动相为液体。在食用油质量检测中使用液相色谱法通常是在室温环境下对食用油中的游离脂肪酸进行检测。通过氰基（CN）色谱柱，将正己烷和乙醇作为流动相进行液相色谱检测，从参数和线性度方面得出质量情况。当将流动相更换为异丙醇和己庚烷时，此液相色谱法可对食用油的污染程度进行检测，可得出精准的结果。

（2）气相色谱法。气相色谱法的流动相为气体。在食用油质量检测中通过高温处理得到气相检测样本，对脂肪酸含量进行测定。通过气相色谱内标法对植物油、动物油和地沟油中包含的 37 种脂肪酸进行检测，明确了其中的差异，对食用油的质量判别有很大帮助。

（3）薄层色谱法。薄层色谱法主要是对油品中含有的极性物质进行检测，从而判定食用油的质量。对食用油、精炼油和地沟油进行极性成分检测分析发现，在薄层色谱中，地沟油会出现明显的拖尾现象，而食用油和精炼油则不会出现这一情况。为检测油品中极性化合物的含量，可针对高温氧化油脂中特定指示剂的比值不同进行判断。薄层色谱法利用脱色的方法可以对黄曲霉毒素 B_1 的含量进行有效检测，其还能够高效分离氨基酸、生物碱、脂肪酸等物质。但是，这种方法在反应度与精准效果上较差，不适合应用于混有劣质食用油的检验。地沟油内的游离脂肪酸可使喷有溴甲酚绿指示剂的硅胶板变色，薄层色谱法可结合这一方法进行劣质食用油的检测，如使用塑料板制成的小型薄层色谱试纸条，检测时只要在指示剂上滴上劣质食用油，通过观察试纸颜色变化从而得出酸价范围，达到快速检验食用油是否变质的目的。

7. 质谱法

质谱法是将所检测的油品转化为带电气态离子碎片，在磁场中按照质荷比的大小进行分析并记录。该方法可用于结构分析，又可做定性和定量分析，具有极强的灵敏度，能有效地与各种色谱联用，分析能力极强，但该方法存在一定的缺陷，如食用油处理过程较为烦琐。目前，常采取的联用方式有液相色谱 - 质谱联用、气相色谱 - 质谱联用及超临界流体色谱 - 质谱联用等，为食用油的检测提供了良好的技术支持，表现出了该方法较强的灵活性。

8. 核磁共振法

核磁共振法可以有效地检验出动物油的固体脂参数，如果植物油中加入了地沟油，也可以立马呈现出来。这种方法主要用在地沟油的快速检测中。核磁共振法是根据油脂内的固体脂在射频脉冲信号的衰减状态来分析样品的纯度。通过该方法能够检验出动物油与地沟油的固体脂参数高于植物油，具有准确性高的特点。不过，这种检测方法设备较贵，需要投入较大成本和技术，推广与普及具有一定难度。

9. DNA 质检方法

伴随着科学技术的进步，DNA 质检方法应用越来越多，成为食用油检测的重要研究内容。该种方法要求做好样品处理、裂解、分割、DNA的富集与纯化等，DNA 的提取、富集与纯化是其重要影响因素。通过对各种 DNA 提取方法进行比较得出，离心柱法高于十六烷基三甲基溴化铵和十二烷基磺酸钠法。地沟油是由多种不同来源的废弃油脂混合而成，往往含有动物油，检测人员根据分子生物学基因鉴定方法，鉴定油脂中的动物基因，来判定食用植物油中是否含有动物源性成分。

（二）食用油的常规检测项目

随着储存时间的延长，食用油会发生不同程度的氧化酸败。食用油质量检测工作的主要目的是判断食用油质量是否可靠安全、能否供消费者食用。因此,在质量检测过程中,必须要有一定的判断指标和依据,才能对食用油的质量得出准确的检测结果。在掺假技术不断提升的背景下,感官检测已很难对食用油的质量进行判断,更需要通过更加科学可靠的手段进行食用油质量检测。当前,食用油质量检测的主要技术指标有比重、含水量、酸价、折光度、皂化值、过氧化值、重金属含量、碘值、胆固醇含量、氯离子含量、钠离子含量、脂肪酸相对不饱和度、氧化产物含量和挥发性有机物含量等。

由食用油样品特性分析可知,在冬季或气温稍低的区域,样品可能会因为冻结而出现包装间不均匀或包装内不均匀的现象,这可能会影响抽样和检验样品的均匀性,因此要特别注意。《动植物油脂 扦样》(GB/T 5524—2008)中也特别强调,扦样和制备样品的特性要尽可能地接近所代表油脂的特性。扦样前应保证整个样品是均相的,且尽可能为液相。如果不同部位的相态组成有差异,可通过加热使油脂均匀。均相油脂扦样时,如果不是独立的桶、瓶等包装,而是散装的油桶、油罐等,需考虑从底部、顶部、中部抽取样品并混合。在食用油实际检测中,建议在样品开封时优先检测过氧化值和酸价,避免二次分析或过多地接触空气对结果产生影响。测定食用油的过氧化值及酸价可判定食用油氧化变质的程度,这两个指标都与样品的储藏方式有密切的关系。

1. **色泽、气味、滋味的测定**

色泽检测可将开封存放的食用油样品注入 100 mL 烧杯中,在室温下对着自然光观察,然后再置于白色背景墙借其反射光线观察,要求产品具有应有的色泽,而且没有正常视力可见到的外来异物。气味、滋味检测可将试样倒入 150 mL 烧杯中,水浴加热至 50℃,用玻璃棒迅速搅拌,嗅其气味,用温开水漱口后,品其滋味,要求产品无焦臭、酸败及其他异味。油脂的色度还可用罗维朋比色计测定,罗维朋比色计采用国际公认的专用色标——罗维朋色标来测量样品的色度。

2. 过氧化值的测定

食用油在不适宜条件下长期储存产生的游离脂肪酸、酮、醛及过氧化物是判断油脂酸败程度的一项重要指标。油脂中过氧化物含量的多少与酸败的程度成正比。

食用油氧化稳定性与油种有很大相关性，这与其中含有的抗氧化成分种类和含量有关。食用油在加速氧化实验中，氧化过程所需时间由高到低依次为：橄榄油＞芝麻油＞菜籽油＞大豆油＞玉米油＞山茶油＞米糠油＞花生油＞葵花籽油，其中橄榄油最高为 15.8 h，葵花籽油最低为 2 h，米糠油、花生油也相对较低。食用油的氧化速度与脂肪酸的不饱和程度有关，亚麻酸的氧化速度是亚油酸的 2 倍，是油酸的 25 倍。

过氧化值的测定可使用过氧化值快速检测速测卡对照色度进行快速检测。分别称取每份样品 3.0 g，放于 250 mL 碘量瓶中；将 30 mL 三氯甲烷-冰乙酸混合液加入瓶中，振摇 30 s，使试样充分溶解；再加入 1.00 mL 饱和碘化钾溶液，塞紧瓶盖，并振摇 30 s，在室温下置于暗处 5 min；再加入 100 mL 水，充分摇匀后立即用硫代硫酸钠标准溶液对析出的碘进行滴定，至淡黄色时终止滴定，加入淀粉指示剂 1 mL，继续滴定并强烈振摇至溶液蓝色消失为终点。在同样条件下做一空白实验，用试纸对待测溶液进行对照，当计时达到要求的反应时间，将试纸颜色与包装盒上的比色板进行比较，颜色相同色块下的标记数值为样品的检测值。如试纸颜色在两块色板之间，则取两者的中间值。

3. 酸价的测定

酸价是油脂中游离脂肪酸含量的标志，指中和 1 g 油脂所消耗氢氧化钾的毫克数。油脂在长期储存过程中会在微生物和酶的作用下发生缓慢水解，产生游离脂肪酸，其含量用酸价来表示。酸价越小，油脂质量越好，新鲜度和精炼程度越好。食用油在酸价方面一般是不会超过 4 的，而地沟油则不同，其酸价是远超过 4。酸价可作为油脂质量安全指标，是油脂碱炼脱酸时计算用碱量的依据。在食用油生产的条件下，酸价可作为水解程度的指标，在其储存的条件下，则可作为酸败的指标。酸价不仅是衡量毛油和精炼油品质的一项重要指标，而且也是计算酸价炼耗比这项主要技术经济指标的依据。食用油质量不达标或者重复使用都会造成食品中酸价过高，在生产、运输、储存环节处理不当，也会促使酸价偏高。酸价过高的食用油，会导致人体肠胃不适、腹泻甚至损害肝脏，因此酸价指标也是各类食品重要考量的指标之一。

　　油脂酸价测定方法有很多种，包括滴定法、试纸法、比色法、色谱法等。《食品安全国家标准　食品中酸价的测定》（GB 5009.229—2016）中试样测定指出，对于色泽深的油脂样品，可用百里香酚酞指示剂或碱性蓝 6B 指示剂替代酚酞指示剂，并特别强调米糠油的冷溶剂指示剂滴定法测定酸价只能用碱性蓝 6B 指示剂，当然也可用自动电位滴定法，主要是为了消除米糠油中谷维素的干扰。对于辣椒油等其他色泽较深的油脂，也可用自动电位滴定法消除本身色泽对滴定终点的干扰。经实验比较，冷溶剂自动电位滴定法通用性和稳定性最好，热乙醇指示剂滴定法次之，冷溶剂指示剂滴定法的稳定性相对较差。当被检样品中酸性物质总量较低时，指示剂滴定法消耗的标准溶液体积与酸性物质总量不呈线性关系，因此称样量的多少会显著影响酸价检测的准确性，低酸价的样品称样量不足时，酸价测定值会明显偏高。

　　4. 浸出溶剂残留的测定

　　用溶剂浸出法制备的食用油会有一定的溶剂残留物，易出现溶剂残留超标。我国对该项标准有明确规定，在人们所食用的植物油中溶剂残留物不得超过 50 mg/kg。食用植物油溶剂残留是指浸出法工艺制取的植物原油经精炼后的成品油中溶剂脱除不彻底所残存的微量生产性溶剂，一般采用《食品安全国家标准　食品中溶剂残留量的测定》（GB 5009.262—2016）检测，采用顶空进样，毛细管气相色谱分离，氢火焰离子化检测器检测，以 6 号抽提溶剂油标准溶液为标准品，内标法定量。

　　5. 含水量的测定

　　标准状态下，食用油的含水量不应超过 0.2%，故而可通过对油脂中的含水量进行测定来鉴别地沟油。一般来说，地沟油的含水量高于 1%。

6. 电导率和极性物质的测定

通常情况下，不同的食用油有着不同的电导率，且所有食用油都具有一定的导电性，但电导率是非常低的，针对这个特性可以制定相应的检测方法。正常情况下，优质油脂内的金属离子和盐分的含量均较低，但是如果在检测过程中发现食用油表现出特定的导电性，那么可以判断该食用油的品质较差或是混入地沟油。正是因为这一方面的差异，在食用油的检测过程中，可以利用电导率和极性物质测定法来有效判定食用油的质量。在劣质油中，由于具有少量的金属离子和盐分，因此能表现出一定的导电性；而在品质极低的油中往往含有大量的水溶性物质，使得油脂整体的导电能力大大提高。通过电导率对食用油的质量进行检测是可行的，但这种方法还存在很大的局限性：若劣质油经深度加工处理，其电导率和正常食用油基本一致，使电导法失去作用；电导法在食用油含量低于 80% 的情况下才能发挥作用，若是劣质油掺杂量低于 20%，检测结果很有可能不准确。

7. 重金属的测定

在地沟油的加工过程中，要利用一些化学物质来进行分离工作，而化学物质本身具有较强的腐蚀性，会融入一些重金属物质，因此在地沟油中重金属的含量会明显高于食用油。利用重金属含量测定法来检测食用油，会积极促进检测工作的开展。

8. 胆固醇的测定

动物油中含有胆固醇，植物油中不含胆固醇。因此通过胆固醇的含量可以分析出植物油中有没有加入动物油或者地沟油。目前对于胆固醇的检测主要采用薄层色谱、近红外光谱、气相色谱及液相色谱等。气相色谱 - 质谱法主要应用于研究分析中，是一种公认的分析方法。

9. 抗氧化剂的测定

我国的很多食品中或多或少都加入了一些抗氧化剂，目的在于延长食物的储存时间，但是如果抗氧化剂含量太高，会对人体造成严重的威胁。食用油中也有抗氧化剂，因此，需要检测食用油中的抗氧化剂，以此来保证食用油的质量和安全。常用的是高效液相色谱法和气相色谱法。

10. 生育酚和生育三烯酚的测定

参考《动植物油脂 生育酚及生育三烯酚含量测定 高效液相色谱法》（GB/T 26635—2011）。

11. 植物甾醇和角鲨烯的测定

参考《动植物油脂 甾醇组成和甾醇总量的测定 气相色谱法》（GB/T 25223—2010）。

12. 总酚含量的测定

采用福林酚法测定。

（三）食用油的安全快速检测

免疫快速检测技术经过多年的不断发展和完善，在食品安全等领域的应用不断增加，相应的法律法规及行业、国家标准也不断健全，并产生了很好的经济、社会及生态效益，对完善油脂安全的监控体系，构建我国油脂安全供应链的主动保障体系提供了强大的技术支撑。基于国内食用油的检测需求和市场发展特点，食用油安全快速检测系列产品将以霉菌毒素、重金属、增塑剂及农药残留等的免疫快速检测箱、免疫层析快速检测试纸为主，对应危害因子的检测灵敏度应满足相应的国家标准限量要求，食用油中主要危害因子及免疫层析试纸条预期性能指标见表7.1。

表7.1 食用油中主要危害因子及免疫层析试纸条预期性能指标

类别	试纸条产品	主要样本类型	检测类型	检测范围
霉菌毒素	黄曲霉毒素 B_1	花生油、稻米油等	定量检测	2.5 ~ 100 μg/kg
	玉米赤霉烯酮	玉米油、花生油等	定量检测	10 ~ 500 μg/kg
	呕吐毒素	玉米油、稻米油等	定量检测	20 ~ 2000 μg/kg

续表

类别	试纸条产品	主要样本类型	检测类型	检测范围
重金属	镉	大豆油、稻米油等	定量检测	50 ~ 1000 μg/kg
	铅	大豆油、稻米油等	定量检测	50 ~ 1000 μg/kg
	汞	大豆油、稻米油等	定量检测	2.5 ~ 100 μg/kg
	铬	大豆油、稻米油等	定量检测	100 ~ 2000 μg/kg
	砷	大豆油、稻米油等	定量检测	20 ~ 500 μg/kg
增塑剂	增塑剂类	大部分植物油	定性检测	0.1 ~ 10 mg/kg
食品添加剂	叔丁基对苯二酚	花生油、芝麻油等	定量检测	50 ~ 2000 μg/kg
	乙基麦芽酚	花生油、芝麻油等	定量检测	50 ~ 2000 μg/kg
农药残留	有机磷类	菜籽油、山茶油等	定性检测	0.1 ~ 0.5 mg/kg
	有机氯类	菜籽油、山茶油等	定性检测	0.1 ~ 0.5 mg/kg
	拟除虫菊酯类	菜籽油、山茶油等	定性检测	0.1 ~ 0.5 mg/kg
	三嗪类	菜籽油、山茶油等	定性检测	0.05 ~ 0.25 mg/kg
加工过程危害物	苯并 [a] 芘	热榨油	定量检测	10 ~ 500 μg/kg
	3- 氯丙醇酯	精炼油	定量检测	0.5 ~ 500 mg/kg
有毒物质	棉酚	棉籽油	定量检测	0.1 ~ 10 mg/kg

第八章

地沟油的检测和处理

地沟油是人类生活和生产中各类劣质油、废弃油的统称，主要包括餐饮行业废弃油脂及各种动物肉、内脏等加工出的劣质油脂等。油的来源及精炼程度的差异性造成地沟油的成分含量存在差异。此外，不同的加工过程会产生重金属杂质、油脂氧化物、黄曲霉毒素等有毒有害成分。地沟油经过反复的高温处理，不饱和脂肪酸的化学结构会发生变化，并伴随大量的脂肪酸聚合物产生，摄入这种物质会使人体内的高密度脂蛋白胆固醇含量减少，低密度脂蛋白胆固醇含量增加，最终造成血液甘油三酯含量增加。缺少快速准确的检测技术增加了地沟油回流到餐桌的风险，从而影响人们的身体健康。近年来，由于人们对食用油的需求量不断增大，一些不法商贩为了追求利润，大肆收集、再利用餐饮业废弃油，扰乱了食用油市场。据估计，每年有 250 万吨～ 300 万吨地沟油回流市场，其中大部分就回流到餐桌，引起群众对于饮食安全的担心。

地沟油的主要成分是甘油三酯，与食用油相同，可以和食用油以任意比例互溶，因此一旦在食用油中添加地沟油，用常规方法很难判别。地沟油来源不同，成分复杂，要提纯到食用油的水平，成本相当高，几乎是不可能的。也是不合算的，因此地沟油中残留较多种类的与食用油不同的成分。科研人员正是利用这些地沟油中存在的特殊成分进行检测、鉴定食用油中是否掺有地沟油。

目前的检测仅停留在定性检测地沟油的有无，对地沟油的含量还难以定量地检测，这是将来要进一步深入研究的课题。检测时要根据不同来源的地沟油制定相应的检测方法，比如内蒙古中西部地区的地沟油中动物油（牛羊油）含量较高，因此可以采用气相色谱法检测胆固醇等方法。现有的各种方法均有适用范围和优缺点，最好是通过多种方法相互印证，开发复合技术来快速鉴别地沟油是可行的，有望在实践中使用。

目前国内的专利技术中涉及的地沟油鉴定方法主要分为电导率检测法、荧光分析法、色谱法、核磁共振鉴别法、显色法等。地沟油在收集、加工过程中会在多种因素作用下发生氧化等反应导致油脂变质。酸败产生的离子化合物、低分子酸等，油脂在使用过程中加入的食盐等调味剂，烹调过程中有机物分解产生可电离物质以及洗涤剂的掺杂均会增加油脂的电导率。目前专利文献中直接测量电导率的方法主要是采用去离子水萃取后测定水相的电导率，通过比较地沟油和食用油的电导率测定结果可以验证食用油中是否掺有地沟油。目前专利文献中利用电容量检测地沟油主要是根据地沟油中极化分子含量与正常植物油中的含量有很大区别的原理，极化分子总含量越高，其介电常数越大。把空气间隙电容传感器浸没在油样中，形成以被测油为电介质的电容器，通过测量电容传感器的电容量，与标准油的参数进行比对，可得出结果。食用油长时间高温使用、与洗涤剂混合及细菌发酵会产生或吸附多种杂环和多环芳香烃化合物，以杂环和多环芳香烃化合物产生荧光为原理对地沟油进行检测。目前市面上的食用油多为植物油，不存在动物性成分，相关的专利文献中利用实时荧光法检测动物性成分中所含的动物特有的基因来鉴定食用油中是否掺有地沟油。

（一）地沟油的环境风险及危害

食用油经过了高温烹饪和下水管道的脏污环境，其间发生了水解、氧化、酸败等化学变化，生成了许多对人体有毒、有害的物质，同时引入了如洗洁精之类的化学成分和大量有害微生物，食用会引起或直接导致多种疾病。除此之外，地沟油经处理后还会被掺进饲料喂养牲畜，一些毒素会在动物体内富集，人们食用这些肉食，同样会引起食物中毒及其他疾病。

据报道，中国每年消耗食用油脂约 3000 万吨，其中会产生约 450 万吨的废弃油脂。这些废弃油脂难以生物降解，若直接排放进入水体，会在水面形成一层油膜，阻断水面气液两相的氧交换，导致水体缺氧，水生生物死亡。废弃油脂暴露在空气中，还会发生酸败，产生难闻的恶臭，污染大气。若废弃油脂未经处理直接排入市政排水管网，可能会堵塞管道，经厌氧菌作用产生易燃易爆气体，具有爆炸的风险。一些不法商家会回收这些废弃油脂，进行一些简单的脱臭、脱色处理后制成地沟油，其中的各种有害化学成分都被保留了下来。然后，这样的地沟油重新流入市场，将对消费者的权益和身体健康造成巨大的危害。因此，城市废弃油脂的处理成了一个迫在眉睫的课题。

（二）地沟油的物理性质

（1）气味。每种油都有其固有的独特气味。地沟油加热后会散发出一定的臭味。

（2）颜色。油脂中含有各种色素，综合体现出油脂的颜色。随着油脂品质的不断降低，油脂的颜色会加深，用色差计对地沟油的色泽参数进行检测，与合格油脂有一定的差异。

（3）折光率。折光率是光折射现象的度量，油脂中脂肪酸的折光率会随着相对分子质量和不饱和度的增大而增大。地沟油的不饱和度低于食用油的不饱和度，因此地沟油的折光率低于食用油的折光率。一般合格食用油在一定温度内的折光率不低于 1.465，而地沟油的折光率不高于1.455，若食用油中掺杂地沟油，则折光率在两者之间。

（4）电导率。电导率可表示物质传输电流能力的强弱。正常油脂属于非导电物质，电导率极低。地沟油中含有一定量盐和酸败产生的化合物，从而会使其电导率提高。

（三）地沟油的化学性质

（1）酸价。一般来说，我国的合格食用植物油的酸价都不高于 4 mg/g；地沟油中含有大量的游离脂肪酸使得油脂发生酸败与氧化变质，平均酸价高达 110 mg/g，所以酸价可作为鉴别地沟油的重要依据。

（2）碘值。植物油中的不饱和脂肪酸在高温过程中会不断发生氧化分解，从而使碘值降低。如果植物油中混杂煎炸油，那么其碘值会比正常植物油小，因此碘值也可作为鉴别煎炸油的一项指标。

（3）羟基价和羰基价。可根据测定油样中的羟基价和羰基价来鉴别地沟油，发现使用过的油脂的羟基价和羰基价明显高于合格食用油，即便是精炼地沟油，其羟基价也明显高于合格食用油。利用傅里叶变换红外光谱法可以测定油脂中是否具有羟基或羰基等官能团，可对掺杂地沟油的食用油起到鉴别作用。

（4）燃烧现象。地沟油中一般含有一定量的水，在少量地沟油燃烧时，会有一定的声音，这是由于油燃烧温度升高，而水的沸点低于油的沸点，水蒸发比油蒸发要快，会造成油膜的破裂，发生吱吱或噼啪的声音。

（5）反式脂肪酸成分。地沟油中含有反式脂肪酸等指纹杂质，通过顶空固相微萃取 - 气相色谱 - 质谱法可以测定反式脂肪酸，运用油脂中反式脂肪酸的高低变化对地沟油进行鉴别。

（6）极性成分。地沟油极性成分有丙烯酰胺、多环芳烃、醛基等。研究发现地沟油的极性组分含量明显高于食用油，该方法可作为鉴别地沟油的依据。采用乙酸乙酯与石油醚为展开剂，碘液为显色剂，对地沟油、食用油进行分析发现，地沟油有明显拖尾长斑。

（7）波谱特性。利用太赫兹波谱技术对比地沟油和未经过高温处理的普通食用油在 0～3.0 THz 的频域谱和时域谱。对比地沟油和食用油的频域谱，二者差异明显，地沟油的波幅低于食用油；对比二者的时域谱，地沟油的波幅低于食用油，时间延迟于食用油。通过近红外光谱法检测煎炸过程中油的氧化程度，可以发现煎炸油在特征发射带峰的宽度和高度有明显的变化。

（四）地沟油的检测方法

目前，国内尚未制定地沟油检测的国家标准方法或者行业标准，主要原因是地沟油成分比较复杂，不同来源、不同地区及不同预处理方法得到的地沟油的成分有着较为显著的区别。对于地沟油的鉴别多是参照食用油的检测与鉴别方法，从检测地沟油的特异性理化指标出发，比对合格食用油进行区分或鉴别。地沟油的检测方法主要有物理性质检测法和化学性质检测法两类。其中物理性质检测法主要有凝固点检测法、透明度检测法、黏度检测法、折射率检测法和电导率法等。化学性质检测法主要有酸价法、光谱法、色谱法、质谱法和核磁共振法等。在专利文献中，光谱法和色谱法为两大主流检测方法。

1. 理化特性鉴别

地沟油在加工过程中会发生不同程度的氧化、水解、聚合等反应，据此进行理化检验，一般检验地沟油的含水量、比重、折光率、皂化值、酸价、羰基价、过氧化值、碘值、重金属含量、脂肪酸相对不饱和度、胆固醇含量、残留物含量、氧化产物含量等指标。食用油经过高温烹饪或和空气接触发生氧化，生成游离脂肪酸和甘油。游离脂肪酸进一步被氧化，就形成过氧化物，甘油氧化则产生醛、酮等，随之产生刺激性气味，油脂即发生酸败。

2. 光谱检测技术

光谱技术具有快速、有效、高精度、高灵敏度和非接触式等优势，近年来越来越受到研究者的青睐。目前检测地沟油的光谱技术有荧光光谱法、拉曼光谱法、傅里叶变换红外光谱法、太赫兹波谱鉴别法等。光谱技术的优点较多，主要体现在便捷且不会使地沟油的成分发生变化，与其他方法相比更适用于大批量检测。

（1）傅里叶变换红外光谱法。通过红外光谱法检测 966 cm^{-1}、988 cm^{-1}、3009 cm^{-1} 三处的特征吸收峰来判定是否为反复加热的食用油，其中 966 cm^{-1} 与 3009 cm^{-1} 处的特征吸收峰在各种食用油中均呈规律性变化。地沟油在 2880 cm^{-1}、2940 cm^{-1}、2966 cm^{-1} 处存在明显区别于食用油的特征吸收峰，特征吸收峰面积随地沟油体积分数的提高而增大，这种方法可以检测出掺杂 5% 地沟油的调和油样品。

（2）紫外 - 可见分光光度法。由于食用油在进行烹饪时，溶解了食物中的一些成分，如色素、调料、食物中的类脂化合物等，同未使用的合格食用油相比，其紫外 - 可见吸收光谱有比较大的区别，在可见光区吸收系数变大，透光性变差。因此在 230 ～ 800 nm 进行吸收光谱扫描，可鉴别地沟油和合格食用油。

（3）荧光光谱法。地沟油与空气中的氧气接触会发生复杂反应，产生新物质，除了植物油本身的维生素 E 外，新的物质也会发光。此外地沟油中还有一些颗粒物，这些颗粒物对入射光存在一定程度的散射，在掺杂的地沟油含量较低时不会很明显地反映出来，但是当地沟油含量较高时，这种散射就会很明显。同时，地沟油中某些物质会使维生素 E 的荧光程度降低。这些均可以在荧光三维投影上显示出来。荧光光谱法具有灵敏、准确等特点，但对实验条件要求较高，同时荧光淬灭因素也会干扰检测。地沟油的荧光发射光谱，特征波段为 450 ～ 545 nm。

（4）拉曼光谱法。拉曼光谱法作为一种快速检测手段，具有高效、无污染、无须前处理等优点，可快速准确地分析地沟油。食用油中，当地沟油掺杂率高于 10% 时，检测结果准确性较高。采用拉曼光谱法测定地沟油，地沟油掺入样品的百分率直接影响判定准确率，当地沟油掺杂率提高到 20% 时，判定准确率提高到 85%。

（5）原子光谱法。用原子荧光法可测定十二烷基苯磺酸钠的含量。十二烷基苯磺酸钠是洗洁精的主要成分。地沟油因混入餐具洗涤水而含有这种成分。在检测中发现地沟油在十二烷基苯磺酸钠的特征波长处出现波峰，而合格食用油无波峰产生。使用火焰原子吸收光谱法测定地沟油中铜和锌的含量，并与合格食用油进行比对，进而鉴别地沟油。通过原子吸收分光光度法测定地沟油中钠的含量，与合格食用油有明显不同。

3. 色谱检测技术

（1）气相色谱法。气相色谱法主要是利用色谱分离原理对合格食用油和地沟油之间的一些脂肪酸的组成不同进行鉴别。目前相关的专利文献是采用顶空固相微萃取 - 气相色谱 - 质谱联用技术分析地沟油中微量挥发性成分，经分离、检测，寻找合格食用油和地沟油之间的差别成分。

（2）高效液相色谱法测定胆固醇含量。地沟油是多种动植物油的混合物，动物脂肪中几乎都含有胆固醇，而在植物油中则只存在结构上与胆固醇十分相似的植物甾醇。油样品经皂化后，胆固醇和植物甾醇作为不皂化物被提取出来，再采用极性毛细管色谱柱，可将胆固醇和植物甾醇完全分离。通过制作胆固醇含量标准曲线，测定地沟油中胆固醇含量，来定性分析食用油中是否掺杂了地沟油。

（3）气相色谱 - 质谱联用测定易挥发成分。采用静态顶空法，在相同的实验条件下，纯正花生油并没有挥发性成分被检测出来，而在地沟油中则检测到 16 种挥发性有害物质，其中一种为己醛，是油脂变质的一种二级产物，可作为鉴别地沟油的一个重要指标，另外 15 种为脂肪烃。

4. 核磁共振法

以合格食用油和劣质地沟油的核磁共振信号为主要观察对象，以合格食用油和劣质地沟油的横向弛豫时间图谱数据对比分析为主要手段进行二者的快速准确鉴别。因为混入大量动物脂肪，地沟油内部饱和脂肪酸增多，熔点变高。同时，在精炼的过程中，内部不稳定成分被破坏，稳定成分逐渐增多，地沟油的熔点也随之增高。因此，在一定温度下，地沟油的固体脂含量会比合格食用油高。测定在10℃和0℃下样品的固体脂含量，实验结果表明，地沟油远远高于食用油。在一定条件下，0℃时固体脂含量为0的食用油，只要掺入了1%以上的精炼地沟油，就可以被检测出来。

5. 电化学法

市售食用油多为植物油，属非导电物质，电导率较低。但是食用油经过烹饪之后，当中的部分有机物分解成导电物质，经过提取进入水相，导致电导率升高；在烹饪过程中，在食物中加入味精、食盐等调料均可能使其电导率升高；除此之外，地沟油在收集、提炼过程中所引入的洗洁精、金属离子等均会使其电导率升高。地沟油在发生质变的过程中，同时会伴随有硫酸根离子和金属离子等导电离子杂质的引入，测定地沟油的电导率可用水等溶剂萃取后再进行测定。这种方法操作要求高，实验结果可靠。

6. 显色法

采用显色法检测酸价可以判定被测油是不是地沟油。相应的专利文献是将乙醇和纯水或乙醚的混合液注入玻璃试管，加入酚酞指示剂溶液，滴入氢氧化钠滴定液，使液体呈粉红色加入被测油中，溶液呈现无色后再次滴入氢氧化钠滴定液，直至溶液又呈粉红色为止，根据此次氢氧化钠滴定液的用量判定被测油酸价是否高于标准值，从而明确被测油是不是地沟油。合格的食用油不含有胆固醇和氨基酸及由其组成的多肽、蛋白质等物质，但劣质食用油经过精炼或勾兑会含有微量的胆固醇、蛋白质、多肽或氨基酸等杂质，而胆固醇会和铁矾溶液反应生成紫红色物质，氨基酸类物质会与茚三酮溶液在碱性条件下反应生成红褐色物质，两种反应都会使极微量的物质显色且肉眼易于区分判断，如发现变色即可判断样品为劣质食用油。

（五）地沟油的资源利用价值

废弃物的处理如果仅仅停留在将其降解为对环境没有危害的物质的层面上，不仅成本高昂，同时也是一种对资源的浪费。所以，探讨地沟油的高值化利用具有重要意义。目前，常见的地沟油再利用方法有生产肥皂、洗涤剂、脂肪酸等。地沟油由于含有大量的致病细菌，以这种油脂饲料为食的牲畜很容易感染疾病，再通过食物链传染给人类，所以这种做法已经被明令禁止。而地沟油用于生产化工产品时，产品附加值不高、工艺流程复杂等问题又制约了其进一步的发展。

（六）地沟油生产生物柴油

生物柴油是指含有甘油三酯的动植物油和短链醇（如甲醇或乙醇）发生酯交换反应后产生的脂肪酸单烷基酯，最为常见的是脂肪酸甲酯。生产生物柴油的原料是可食用或不可食用的植物油、动物脂肪等。然而，生物柴油生产中存在的主要问题是原料成本高、植物油原料缺乏，以及生物质转化为生物柴油的生产过程成本高，这使得生物柴油的生产成本比石化柴油高出 1.5 倍左右。多年来，人们为了降低成本，一直在寻找廉价易得的生产原料。

地沟油中的主要成分为甘油三酯，另有一部分脂肪酸和杂质。从理化性质上看，地沟油的组分与动植物油接近，经过适当的预处理，可以作为生产生物柴油的原料。以地沟油为原料生产生物柴油不仅可以解决废弃油脂的环境问题，还能实现其高值化利用，解决生物柴油生产原料成本高的问题。更重要的是，这一技术会对我国能源供应结构的升级做出重要贡献，并为寻找可再生替代能源提供一种全新思路。

我国石油年消费总量已由 2014 年的 74090 万吨增长到 2018 年的 87696 万吨，而中国原油年生产量由 2014 年的 30396 万吨下降到 2018 年的 27046 万吨。这意味着我们国家的石油消费存在巨大的缺口，严重依赖进口石油，并且这种趋势在逐步扩大，2018 年我国石油进口量达到了 46190 万吨。为此，我们需要寻找、开发和利用新的可再生能源，以取代石油燃料。其中，生物柴油便是一种可再生能源。优质的生物柴油完全可以达到国家 0 号柴油的生产标准，通过直接使用或混合在石化柴油中使用，可以大大减轻目前中国的能源供应压力。生物柴油相比于传统的石化柴油，十六烷值明显上升，说明其抗爆性能和燃烧性能更好。生物柴油的黏度更高，可以提高发动机部件间的润滑度，从而延长发动机寿命。同时，生物柴油具有比石化柴油更高的闪点，挥发性低、安全系数高。生物柴油的另一个优势是低温启动性能好，冷滤点比普通柴油低 20℃，这使得生物柴油可以在低温环境中使用。此外，从环境影响方面看，生物柴油几乎不含硫和氮元素，也不含多环芳烃等致癌物。所以，燃烧时只排放很少量的二氧化硫和氮氧化物，对环境十分友好。

目前，常用的地沟油向生物柴油转化的技术是酯交换法。酯交换法是生产生物柴油的主要方法，包括均相碱催化法、均相酸催化法、非均相固体催化法、生物酶法等。酯交换法对反应原料的各项指标有一定要求，故需要对地沟油进行预处理。除了酯交换法，热裂解法处理地沟油用于生成可再生燃料油是另外一种思路。

1. 预处理

地沟油一般是混合在餐饮污水中排放的，不可避免地含有大量的杂质和水分，且酸价也很高，这些都不利于后续反应的进行。为保证生产的生物柴油的品质和产率，必须对地沟油进行预处理，使其成为精炼油。预处理的步骤大致分为除杂、脱酸、脱色、脱水。

（1）除杂。除去地沟油中的固体颗粒物，可以采用静置容器的方法。在重力的作用下，密度较大的颗粒物下沉到容器底部形成沉淀。沉淀去除后，再通过离心或膜过滤的方式去除密度较小的颗粒物。除了固体颗粒物，油脂中还可能混入磷脂一类的胶质。通常使用水化脱胶或酸炼脱胶两种方法去除这一类杂质。

（2）脱酸。油脂在煎炸之后，由于水解反应会生成游离脂肪酸。游离脂肪酸不仅会发生酸败反应散发出臭味，还会对后续的酯交换反应产生巨大影响，必须将其酸价降至 1.0 mg/g 以下。碱炼脱酸是最普遍的脱酸方法，即向油脂中加入强碱（通常是氢氧化钠），游离脂肪酸转化为皂，各种酸性物质也通过中和反应被去除。也有采取溶剂萃取的方法脱酸，这主要是利用地沟油中游离脂肪酸和油脂在特定溶剂中溶解度不同的原理，以萃取的方式将游离脂肪酸从油脂中分离出来。该方法能耗小、条件温和、成本低，适用于高酸度油脂。

（3）脱色。地沟油的颜色一般较深，其中的色素会影响成品柴油的稳定性和色泽。在众多脱色方法中，吸附法最为常见。利用活性炭、活性白土、凹凸棒土、硅藻土等对色素具有选择性吸附能力的吸附质，可以有效降低油脂色度，同时还能吸附一些金属离子和胶质，进一步提升精炼油的品质。

（4）脱水。地沟油中水分含量降到小于 0.3%，才能满足酯交换反应的基本条件，生产生物柴油。加热法是最简单也是最常用的方法，即将地沟油的温度提高到水的沸点以上，水分蒸发为水蒸气离开油脂。另一种方法是干燥剂法，在对油脂预处理的过程中加入无水硫酸钠来达到脱水的目的。干燥剂法的优势是不需要消耗能源，成本低。

2. 通过酯交换法生产生物柴油

（1）均相碱催化法。对于游离脂肪酸含量小于 1% 的地沟油，以氢氧化钠、氢氧化钾等强碱作为催化剂，与甲醇反应后生成甘油及脂肪酸甲酯。分离出脂肪酸甲酯后，经水洗、干燥即可得到成品生物柴油。此方法产率高、反应速率快，是生产生物柴油最早的方法。但是其缺点也很明显，对预处理的设备和工艺要求很高。油脂中游离脂肪酸和水分含量过多时，在碱性条件下会发生皂化反应，生成脂肪酸钠造成乳化现象，严重影响生物柴油产率。

（2）均相酸催化法。为了使酯交换反应能够处理游离脂肪酸和水分含量更高的地沟油，硫酸、磺酸、磷酸等中强酸作为催化剂被用于生产生物柴油。相比均相碱催化法，均相酸催化法解决了酯交换工艺对游离脂肪酸敏感的问题，原因是在酸性条件下皂化反应难以发生，并且游离脂肪酸在酸性条件下可以和短链醇发生酯化反应生成脂肪酸甲酯，这就省去了预处理中的脱酸工艺，降低了成本。但是，均相酸催化的缺点是反应进行得不彻底、反应速率较慢、硫酸等对设备的腐蚀作用较强且催化剂难以回收利用。然而，由于其成本低廉且能够处理高脂肪酸含量的地沟油，我国大部分生物柴油生产公司均使用这一工艺。

（3）非均相固体催化法。均相催化法最大的问题就是催化剂无法回收利用。近年来，固体碱催化剂和固体酸催化剂这两类固体催化剂因易于回收利用和低污染而受到广泛关注。合成固体碱催化剂的方法包括通过浸渍法使碱负载在金属氧化物上和通过共沉淀法使两种金属氧化物复配等。如在温度为65℃、醇油比为12:1的条件下，以氧化钙-二氧化铈作为非均相固体碱催化剂，催化棕榈油和无水甲醇反应，考察了不同钙/铈值对催化剂效果的影响，发现当钙/铈值为1时效果最好，反应进行6 h转化率达到97%以上，且可重复利用。实验显示氧化钙-二氧化铈催化剂在使用4次之后，仍能将80%以上的油脂转化为生物柴油。通过高温浸渍-高温煅烧的方法制成了氢氧化钾-二氧化锆固体碱催化剂，用于催化大豆油与甲醇的反应。通过对催化剂氢氧化钾-二氧化锆进行分析，发现二氧化锆晶体结构完好，且催化剂表面引入大量羟基，说明二氧化锆顺利地负载了氢氧化钾。

固体酸催化剂主要有传统的杂多酸和新型的碳基固体酸。杂多酸是杂原子和多原子按一定结构通过氧原子配位桥联的含氧多酸。杂多酸容易溶于液体，造成回收利用困难，一般将杂多酸负载于多孔材料上或者通过离子交换法向杂多酸中掺入金属阳离子而得到非均相催化剂。通过凝胶-溶胶法将磷钨酸负载于二氧化硅上制得固体杂多酸催化剂，并催化地沟油转化为生物柴油。研究发现，该催化剂具有优良的催化活性，在温度为190℃、压力为3.0 MPa、醇油比为16:1、转速为400 r/min的反应条件下，4 h后生物柴油产率可达90%。利用离子交换法将Cu^{2+}掺杂进磷钨酸，用于催化油酸与甲醇的反应并取得了良好效果。通过对磷钨酸铜盐固体酸催化剂的表征分析，结果显示，掺杂后的固体催化剂介孔结构发达，且具有骨架结构。

（4）生物酶法。近年来，酶催化酯交换反应表现出反应条件温和、能耗低、纯化工艺简单、酶的可重复利用性好、酶对不同底物的选择性高、底物中允许少量水存在等优点。一般用于酯交换的生物酶是脂肪酶。将两种生物酶分别作为催化剂催化废白土油与甲醇的酯交换反应，并通过响应面法优化了反应条件。结果表明，最佳反应条件为 10% 的酶添加量、4 ∶ 1 的醇油比、35℃的温度及 15 h 的反应时间。以黄角籽油为原料，采用固定化酶在绿色共晶溶剂（DES）中进行酯交换，并以微波辐射法作为强化手段制备生物柴油。结果表明，11 种 DES 中 DES-2（氯和甘油的物质的量比为 1 ∶ 2）是最有效的溶剂。此外，回收的酶被用于连续 4 个反应周期，没有明显的酶活性损失。DES 的使用可有效保持酶活性，提高转化率，使产物易于分离。

3. 热裂解法

酯交换法适合处理精炼油，所以使用酯交换法之前需要对地沟油进行处理，这无疑增大了处理成本，对于一些原料品质差且杂质多的地沟油，采用酯交换法就不太合适。而热裂解法原料适应性强、不产生甘油等副产物，因此受到广泛的关注。尽管油脂热裂解后的产物（主要是烯烃、烷烃、芳烃、羧酸等）不同于生物柴油，但是其作为燃料的性能很好，与化石燃料相近。热裂解法可以分为直接热裂解法和催化热裂解法两种，而最常用的热裂解催化剂是分子筛催化剂，如 HZSM-2。将玉米油脂在 520℃的温度下进行直接热裂解，产率达 81.3%，通过红外分析确定液体产物主要为烷烃（21%）和羧酸（74%）。通过气相色谱分析可知热裂解产生的气体中有 80% 为可燃性气体（主要是碳氢化合物和一氧化碳）。利用催化剂催化菜籽油热裂解生成可再生芳香烃，产物主要为气体、有机液体产物和固体焦炭。

4. 生物柴油制备方法的对比分析

生物柴油的制备方法各有优劣。传统的均相酸或碱催化法尽管存在不足之处，但均相碱催化法产率高、反应速度快，均相酸催化法对原料油中游离脂肪酸和水分含量没有要求，但反应不彻底、反应速率较慢、硫酸等对设备的腐蚀作用较强且催化剂难以回收利用；非均相固体催化法催化剂易于回收利用、污染小，固体酸或碱催化剂制备复杂且成本高昂；生物酶法反应条件温和、能耗低、酶对不同底物的选择性高、底物中允许少量水存在、对原料的适应性强、操作简单，但脂肪酶价格昂贵且易失活、反应速率慢；热裂解法国内外研究尚较少，可以作为生产生物燃料的一种新思路。

　　生物柴油作为一种可再生能源能够替代石化柴油，有效缓解我国的能源供应压力，保证我国的能源战略安全。此外，生物柴油相比于石化柴油的优势有燃烧性能更好、安全系数更高、低温启动性能更佳、几乎不排放二氧化硫等。我国之所以还没有大规模普及生物柴油，主要是因为生产生物柴油的原料植物油少且成本高。而我国每年会产生大量的地沟油，这些地沟油会对环境产生巨大的影响，亟待处理。以地沟油为原材料生产生物柴油既能切断地沟油污染环境的通道，又能大幅降低生物柴油的生产成本，可谓一举两得。随着国家垃圾分类政策的出台和实施，干湿垃圾将被分开处置。湿垃圾中的地沟油处理必然会变成一个无法回避的大问题。生物柴油作为燃料使用在欧美国家已经十分普遍，我国在未来一定会大力发展，因而地沟油生产生物柴油的技术是十分有应用前景的。同时，生物柴油生产技术也存在着很多值得研究的地方，比如寻找更加经济高效的催化剂、提升催化剂的重复利用性能、开发智能先进的装置设备等。

第九章

食用油的选择和使用

　　长期以来，人们对食用油的加工过程缺乏全面系统的认识，储存和使用不当而引起油质变化，使得食用油中产生了有害的物质，甚至某些个体生产的机榨毛油未经精炼直接食用，某些不法商贩竟然使用非食用植物油（料）或地沟油掺假，这样给人体带来了极大的危害。所以我们必须重视食用油的安全性，倡导食用质量合格的油脂。随着生活水平的提高，人们的脂肪摄入量从不足转向了过剩，如何选择食用油也就成了健康饮食的一个大问题。

（一）食用油的选择

　　精炼油是各种植物原油经脱胶、脱酸、脱色、脱臭等加工工序精炼而成的高级食用植物油。

1. 不同级别的食用油适于不同用途

新标准的一级食用油即色拉油，是加工等级最高的食用油，它的特点是既可以炒菜，又可以凉拌菜。一级食用油的精炼程度较高，经过了脱胶、脱酸、脱色、脱臭等过程，具有无味、色浅、烟点高、炒菜油烟少、低温下不易凝固等特点。判别一级食用油的品质好坏可从如下几个方面看：颜色清淡、无沉淀物或悬浮物；无臭味，储存中也没有令人讨厌的酸败气味，要求油的气味正常、稳定性好；要求其富有耐寒性，如将加有一级食用油的蛋黄酱和色拉调味剂放入冷藏设备中不分离，一级食用油放在低温下不会产生浑浊物。目前市场上出售的一级食用油主要有大豆一级油、菜籽一级油、米糠一级油、棉籽一级油、葵花籽一级油和花生一级油。一级食用油可用于凉拌、做汤、炖菜和调馅等，不适合长时间煎炸。新标准的二级食用油属于高级烹调油，品质和用途与一级食用油比较接近，但不适合凉拌，烟点比一级食用油低 5 ~ 10℃，保质期为 12 个月，品种同一级食用油。三级食用油的精炼程度较低，只经过了简单脱胶、脱酸等工序。其色泽较深，烟点较低，在烹调过程中油烟大，大豆油中甚至还有较大的豆腥味。三级食用油适合用来油炸、炒菜。

2. 隔段时间应换种食用油

油种要勤更换。目前，不少家庭由于生活习惯，长期食用同一种油脂。实际上，这种做法并不科学。据专家介绍，任何食用油都不能提供全面的营养物质，平衡膳食结构才能获得健康。饮食的作用是长期积累的结果，日常生活中，应该按照平衡膳食来摄入营养。不同油脂的保健功效也有所不同。在天然油脂中，各类脂肪酸同时存在，但比例上有所差别。按脂肪酸含量的国际营养标准：饱和脂肪酸含量若超过 12%，过多的饱和脂肪酸就会在人体内产生脂肪积聚，继而造成血脂水平异常，诱发高血脂、高血压、动脉粥样硬化等严重心血管疾病；而单不饱和脂肪酸则是维持正常血脂水平，减少心血管疾病发生的重要脂肪，其含量若达 70% 以上，则能调节血脂，降低低密度脂蛋白胆固醇水平，而不降低高密度脂蛋白胆固醇水平，有益于心、脑、肾、血管的健康；多不饱和脂肪酸中的亚油酸与亚麻酸是人体必需脂肪酸，亚麻酸与亚油酸的比例如果接近 1∶4，对人体十分有益。消费者要根据自身的健康需求而非口味来选择适宜的油脂。一般来说，食用植物油比动物油对健康更有益，但长期食用同一类型的植物油也是不可取的。因为各种植物油的营养成分不同，各有优势。最好能搭配食用，从而满足身体的多种需求。此外，日常饮食除注重食用油的选择外，膳食中要注意增加纤维膳食，即多吃粗杂粮、干豆类、蔬菜、水果等，膳食中的纤维有降低血清胆固醇含量的作用，还要注意减少盐分的摄入量。

（二）食用油的选购

1. 选购食用油的方法

（1）首先对小包装油要认真查看其包装和质量安全标志。无具体相关生产信息的，其质量上可能存在问题。（2）查看色泽。油的色泽深浅也因其品种不同而略有差异，一般来说，精炼程度越高，油的颜色越淡。当然，各种植物油都会有其特有的颜色，不可能也没有必要精炼至没有颜色。一般高品质油色浅，低品质油色深（香油除外），质量好的花生油呈淡黄色或橙黄色，豆油为深黄色，菜籽油为黄色稍绿或金黄色，棉籽油为淡黄色，香油为棕褐色或棕红色，调和油的色泽一般小于罗维朋黄值 Y35.10、罗维朋红值 R4.0。（3）查看透明度。质量好的食用油透明度高、水分杂质少，静置后，澄清透明、无沉淀物及悬浮物。要选择澄清透明的油，透明度越高越好。但是，油中有时会出现浅色的棉絮状悬浮物，这是因为油中低凝固点的物质未被分离干净，加热即可消除；当外界环境温度过低时，油脂整体或部分凝固，加热也可消除，这两种情况均不影响食用。（4）查看有无沉淀物。高品质食用油无沉淀物及悬浮物、黏度小。有些食用油有时在容器底部出现颜色较深的沉淀物，这是因为生产时原料的饼屑或其他有形杂质未清除完全，若油没有明显的异味，可将沉淀物弃去，仍可食用。（5）查看有无分层。若有分层则很可能是掺假的混杂油。（6）要闻。各种油都有其正常的独特气味，而无酸臭异味。取一两滴油放在手心，双手摩擦发热后，质量好的油除有各自植物本身应有的气味外，一般没有其他异味。若有异味，如哈喇味或刺激味，就不要买。（7）要品尝。用手指蘸上少许油，抹在舌头上品其味，若有苦、辣、酸、焦糊及麻等味则说明其已变质。（8）还要加热鉴别。水分大的食用油加热时会出现大量泡沫，若油烟有呛人的苦辣味说明油已酸败，质量好的食用油油烟少、泡沫少且消失快。

2. 食用油的选购和使用原则

合格原则：我们一定要购买正规厂家生产的健康卫生的食用油，不买散装油和来路不明的食用油及其制品。保健原则：目前很多食用油厂商都推出了各种各样的保健类食用油产品，如添加了玉米甾醇、维生素A、海藻油等保健成分的食用油，还有直接用富含多不饱和脂肪酸的植物油料生产的食用油，如葵花籽油、花生油、芝麻油、玉米胚芽油等。选购时可以根据情况选择一些对小孩、老人有健脑益智、调节血脂等保健作用的食用油。节约原则：在选择食用油时，我们不一定要选择那些高端产品，像橄榄油、纯花生油等，一般的大豆油、谷物调和油等完全可以满足日常的营养需要。高端产品中所含有的多不饱和脂肪酸等成分，我们可以通过其他途径来摄取（如坚果类食物）。而且，按照中国营养学会制定的我国居民膳食标准，我们每日正常摄入的食用油应控制在25～30 g，过多摄入会引起不良健康效应。

（三）食用油掺假问题

食用油掺杂制假主要是将价格低的食用油添加到另一种价格较高的食用油中；废弃食用油（如地沟油、反复煎炸后变质油等）甚至是有毒的工业用油等经过处理，掺杂作为食用油。第一种掺假对人们食用不会造成健康方面的影响，而第二种极大地危害到人们的健康。人们在选购食用油时应该在正规的粮油销售地、超市等进行购买。与此同时，工商等执法部门要加强执法力度，坚决打击掺假、造假分子，对食用油的各个生产过程加以监督，严格执行食用油的卫生标准，生产达到国家质量标准的食用油，进而通过正确的储运，保证消费者食用到放心、安全的油脂。

（四）食用油伪劣品鉴别

1.掺假花生油

花生油掺假后透明度下降，把油从瓶中快速倒入杯内，观察泛起的油花，纯花生油的油花泡沫大，周围有很多小泡沫且不易散落；当掺有棉籽油或毛棉油时，油花泡沫略带绿黄色或棕黑色，闻其气味可闻出棉籽油味；掺有米汤、面汤等淀粉物的油，油花呈蓝紫色或蓝黑色。或者放入透明杯中放置两天后再观察，必然会出现云状悬浮物。

2.掺假小磨香油

一看色法：纯小磨香油呈淡红色或红中带黄，如掺入其他油，颜色就不同。二水试法：用筷子蘸一滴小磨香油滴到平静的水面上，纯小磨香油会呈现出无色透明、薄薄的大油花，掺假的油则会出现较厚、较小的油花。另外，小磨香油本身无油花，倒油时出现的油花极易消失，如果油花泡沫消失得很慢，表明掺假。

3.掺假豆油

在豆油中，无论掺入米汤、水或其他植物油，只要在瓶内沉淀一两天，瓶内的豆油和掺假物就有明显的分界线，即一部分色深，另一部分色浅。将瓶子转动一下，注意观察就会发现，瓶子下面的掺假物转动快，分界线以上的油转动慢。如果是在冬季，晃动几下后，瓶子的下面有明显的白色。另外，炒菜爆锅时，如油锅内出现叭叭响的油花，更可以说明油中掺水。

（五）常见用油误区

油是人们每日必吃的食物，因此它的用法是否科学对人体健康至关重要，如果使用不当，日积月累甚至可能引发癌症。

了解食用油

1. 不吃食用植物油或不吃动物油

如果没有油，就会造成体内维生素及必需脂肪酸的缺乏，影响人体的健康。一味强调只吃植物油，不吃动物油，也是不行的。在合理的剂量下，动物油对人体是有益的。

2. 长期只吃单一品种的油

一般家庭还很难做到炒什么菜用什么油，但我们建议最好还是几种油交替搭配食用，或一段时间用一种油，下一段时间换另一种油，因为很少有一种油能满足人体的营养需求。

3. "用多少油炒菜"跟"摄入多少油"是两码事

摄入的脂肪无论是不足还是过剩都不利于健康。膳食指南推荐脂肪供能比（即来自脂肪的热量占总热量的比例）为 20% ~ 30%，对于成年人来说摄入量是 45 ~ 65 g，包装食品的营养标签是把 60 g 作为参考基准，这是指来自所有食物中的脂肪。糕点、零食、奶制品、豆制品、肉、蛋、坚果等都含有不少脂肪。对于大多数人而言，来自这些食物的脂肪有 30 ~ 35 g，所以膳食指南建议烹饪用油量应控制在 25 ~ 30 g。如果一个人的食谱中本来就有许多富含脂肪的食品和食材，那么应该继续减少烹饪用油量。

（六）反式脂肪酸越少越好

在四大类脂肪酸中，反式脂肪酸有害无益，自然是越少越好。如果是吃油炸食品、烘焙食品比较多，那么应该注意看原料中是否有氢化植物油，以及反式脂肪的含量。饱和脂肪酸相当于"低危害版"的反式脂肪酸，在各种油脂中天然存在。WHO 的推荐是饱和脂肪酸的供能比不超过 10%，而美国心脏协会的推荐值是 7%。

（七）食用油的烹调方式及油烟成分分析

烹调油烟是食用油与食物发生剧烈化学变化后产生的混合性化合物，化学成分复杂，是室内主要空气污染物之一。研究表明，烹调油烟至少含有 300 多种成分，主要有脂肪酸、烷烃、烯烃、醛、酮、醇、酯、芳香化合物和杂环化合物等。由于不同食用油的沸点不同、烹调方式不同，因而产生的油烟浓度及油烟物质成分会有差异。

1. 油炸时的油温应控制在300℃以下

食用油主要成分的沸点约在 300℃ 左右，温度上升至 100~270℃ 时，油主要是由直径约 10^{-3} cm 以上的小油滴组成，温度高于 270℃ 后，油主要是由直径 10^{-7} ~ 10^{-3} cm 的不为肉眼可见的微油滴组成。此时向油中加入食品，食品中所含水分急剧汽化膨胀，其中部分冷凝成雾和油烟一起形成可见的油烟雾。为此最好有 300℃ 自动断电装置。一般家庭烧菜油温的选择：炒菜时采用爆炒，油温基本在 240℃ 左右，煎时油温基本控制在 120 ~ 150℃，油炸的温度（特别是烹调物质需要炸干的）基本上在 200 ~ 230℃，油干烧可达到 270℃ 或更高。烹调的温度越高，油烟成分的直径越小，呼吸性粉尘越多，危害也越大。

单纯食用油干烧比加入食物烹调的油烟的浓度要高，以大豆油超标倍数最大，玉米油、菜籽油次之，花生油最小，即大豆油＞玉米油＞菜籽油＞花生油；且炒菜（爆炒）的油烟浓度比油炸食品大。相同食用油、不同烹调方式所产生油烟的浓度比较为：煎鱼＞炒菜＞炸鱼与炸上排＞炸蔬菜＞煮菜。《饮食业油烟排放标准（试行）》（GB 18483—2001）规定油烟最高允许排放浓度为 2.0 mg/m³，各种烹调方式除煮菜外均超过最高允许排放浓度，最高的是大豆油，达到 23.3 倍，最低的是炸蔬菜，超过 1.2 倍。以菜籽油为烹调用油，各种烹调方式的烷烃含量比较为：炸蔬菜＞煎鱼＞炸上排＞炸鱼＞炒菜。除大豆油和炸蔬菜产生的烹调油烟检测出甲苯和二甲苯外，其余样品中甲苯和二甲苯含量均低于检测限。苯乙烯存在于菜籽油、大豆油和煎鱼的样品中，含量比较为：大豆油＞菜籽油＞煎鱼。

2. 食用油煎炸不能超过3次

食用油煎炸 2 次，酸价、羰基价和过氧化值 3 个酸败指标均在国家标准允许范围内，对人体的危害不大，食用安全可以保证。但是，食用油煎炸 3 次后，酸价、羰基价和过氧化值均超标，且随着煎炸次数的增加，3 个指标增长速度明显加快。反复煎炸后的食用油后会产生很多变化，容易发生酸败现象，产生一些强烈的致癌物质，比如在煎炸土豆、肉类、鸡蛋等物质时，会生成二甲基亚硝胺。据媒体报道，南京市食品药品监督管理局对市场上煎炸使用过 3 次的大豆油进行抽检，检出了苯并芘，检测结果为 1 μg/kg。在国家标准中，植物油苯并芘含量要求小于等于 10 μg/kg，虽然含量未超标，在安全范围之内，但已产生了致癌物。随着煎炸次数的增多，产生的苯并芘含量会不断增加。经常食用多次煎炸的食用油，会对人体造成极大的危害，可能会诱发结肠癌、乳腺癌、前列腺癌等疾病。

3. 烹调油烟最主要的成分

烹调油烟对人体健康构成危害，已经越来越为人们所重视。采用气相色谱 - 质谱分析采集的样品，结果表明，烹调油烟最主要的成分是烷烃和烯烃，其次是有机酸、醛和多环芳烃。在 200℃ 时收集到的花生油的油烟中检测出 99 种挥发性物质，其中有 22 种醛、4 种呋喃。对滤膜采集的厨房空气样品进行分析，发现大豆油、菜籽油的油烟中，存在苯并 [a] 芘、二苯并 [a,h] 蒽等 5 种具强致癌性的多环芳烃。通过成分分析，在高温情况下，大豆油烹调所产生的十一烷烃等有机物浓度较高，其次是菜籽油，玉米油最低；不同烹调方式比较，炸蔬菜所产生的有机物浓度较高，煎鱼其次，炸上排、炸鱼相对较低，炒菜最低。烹调油烟大部分都含有十一烷烃、十二烷烃、十八烷烃和二十烷烃，这些烷烃类物质是重要的促癌物。不同食用油进行烷烃含量比较为：大豆油＞花生油＞菜籽油＞玉米油。烹调方式中，炸蔬菜产生的甲苯、二甲苯、十二烷烃、十八烷烃、二十烷烃的浓度最高；煎鱼的苯乙烯浓度最大，十二烷烃、十八烷烃的浓度也较大。长期接触甲苯、二甲苯可引起人的肾毒性、生殖毒性，苯乙烯对人体 DNA 有损伤作用。因此高温烹调时尽量避免选择大豆油，避免食用油干烧，蔬菜尽量采用炒或煮，不选择油炸；鱼尽量选择蒸或煮，避免炸鱼尤其是煎鱼。

4. 炒菜用油适当加热

当人们在厨房炒菜时，如果看到锅里的油持续地散发出青烟，这说明油品已经被加热到超过烟点，应立刻关火降低温度。食用油随着烹调温度的升高，会分解产生游离脂肪酸。油中游离脂肪酸、其他营养成分与复杂的氧化物发散到空气中，就变成肉眼看到的青烟了。有些人常常会以油锅冒烟作为油加热"够热"的判定点，这是很危险的做法。当油温达到烟点时，里面的脂肪酸与甘油会游离出来、氧化变质并挥发到空气中，油烟中有一种叫丙烯醛的化学物质，正是吸烟会造成肺癌的原因之一。油的温度越高，丙烯醛产生的速率也越快。研究发现，不管是花生油、大豆油，还是猪油，只要油温超过烟点，就会散发出具有致癌性的化学烟雾。调和油炒菜时要热锅温油，一定不要把油烧到冒烟，否则具有营养价值的调和油就被破坏了；对于普通的花生油和大豆油，一般都是建议冷锅冷油，适当加热后就开始炒菜，尽量不要热锅炝油或者用来煎炸，这样很容易导致油被氧化，影响油的营养价值；对于不饱和脂肪酸含量较高的油，如山茶油、橄榄油，就不应该用来炒菜，因为很轻微的加热都会导致这些油被氧化，完全失去其应有的保健功能。较好的方法是"三合一套餐"，即亚麻籽油 1 份 + 橄榄油或山茶油 1 份 + 菜油或大豆油或花生油或玉米胚芽油等 1 份，可按 1:1:1 的比例混合食用。

（八）适合高温烹调的油

高温烹调用油应具备低多不饱和脂肪酸、低胆固醇、高烟点、富含抗氧化物等特性。纯化过的油品烟点会比较高，如精炼纯橄榄油的烟点，就比冷压初榨橄榄油高。烟点偏高的精炼植物油如玉米油、菜籽油、葵花籽油适合高温煎炸。但是实际上，烟点相对低的橄榄油其实比葵花籽油更适合油炸，而且奶油、猪油比大豆油更耐高温，因为精炼植物油的氧化稳定性往往不佳。冷压初榨橄榄油、高油酸葵花籽油、高油酸芥花油、精炼椰子油，适合高温烹调使用。一般来说，植物油富含多不饱和脂肪酸，不适合高温烹调。但高油酸葵花籽油、高油酸芥花油这两种高油酸油品是经过育种改良后的产品，单不饱和脂肪酸含量高达 80% 以上，因此在高温下更不容易变质。除此之外，它们不含胆固醇、烟点高、还含有抗氧化的维生素 E，可供高温烹调使用。精炼椰子油烟点可以高达 232℃，也是比较好的选择。总之，应当尽量少用高温烹调，或是缩短食物接触高温的时间，尤其是蛋、奶、鱼、肉类。

（九）食用调和油

食用调和油就是用 2 种及以上植物油调和制成的食用油。从油脂营养健康角度来讲，好的食用调和油应当具有相对合理的脂肪酸组成、丰富的有益伴随物、含极少或不含风险因子，同时还应有良好的风味，可以有助于改善油品的营养价值或风味。调和油有营养调和油，如以葵花籽油为主，配以大豆油、玉米胚芽油和芝麻油，调至亚油酸含量约 60%、油酸含量约 30%、软脂酸含量约 10%；经济调和油主要以大豆油为主，配以一定比例的菜籽油、棉籽油等，其价格比较低廉；风味调和油就是将菜籽油、棉籽油、米糠油与香味浓厚的花生油按一定比例调配成"轻味花生油"，或将前 3 种油与芝麻油以适当比例调和成"轻味芝麻油"；煎炸调和油是用棉籽油、菜籽油和棕榈油按一定比例调配，制成芥酸含量低、脂肪酸组成平衡、起酥性能好、烟点高的调和油。上述调和油所用的各种油脂，除芝麻油、花生油、棕榈油外，均为一级油。

1. 调和油要有相对合理的脂肪酸组成

在总膳食脂肪供能占人体摄入总能量的 20% ～ 30%、总膳食脂肪中各类脂肪酸摄入均衡的前提下，才讲烹调油的脂肪酸平衡。因此，脂肪酸均衡是针对整体膳食脂肪而言的，是与各个时期居民膳食、健康等因素密切相关的，并随营养学研究也会调整改变。

2. 调和油要有丰富的有益伴随物

食用油不但为人体提供能量和脂肪酸，还能提供各种脂溶性微量物质，包括脂溶性维生素和植物化合物。脂溶性维生素大家都熟悉，如维生素 A、维生素 D、维生素 E、维生素 K 等，而植物化合物则是 2013 年版

《中国居民膳食营养素参考摄入量》提出的新概念。其中所指的植物化合物主要包括植物甾醇、异硫氰酸盐、叶黄素、番茄红素等 10 多种，有些植物化合物尽管没有列入其中，但也有大量实验证明其具有防治慢性病的作用，如谷维素、角鲨烯等。几乎所有油都含有一些有益伴随物，但其种类、含量可能差别很大，从而使得每种油都具有独特的营养特性，如葵花籽油富含维生素 E，玉米油富含植物甾醇，稻米油富含谷维素、角鲨烯，橄榄油富含橄榄多酚，芝麻油富含芝麻多酚，亚麻籽油富含亚麻多酚。同时，这些油脂中有益伴随物的含量会随加工过程发生变化，如果工艺不当，极易造成大量流失，进而对食用油的品质产生很大影响。长期以来，我国食用油加工和消费领域存在的重大误区之一就是脱离国民膳食习惯，片面强调脂肪酸的营养与均衡，而忽视有益伴随物的营养与功能。

3. 调和油要含极少或不含风险因子

"好油"不光要营养丰富，还要保证食用安全，杜绝危害物质。食用油中的有害物质一方面来自原料，如黄曲霉毒素、棉酚、赤霉烯酮、呕吐毒素、多环芳烃、增塑剂等；另一方面来自过度加工，如反式脂肪酸、缩水甘油酯、3-氯丙醇酯等。杜绝这些危害物质是《食品安全法》的基本要求，强调"没有或极少存在"并非要求"零风险"，科学和实际的做法是通过各种措施将危害控制到对消费者健康没有不良影响的程度。长期以来，食用油加工过程片面追求无色无味而导致过度加工。过度加工不但造成有益伴随物的大量流失，而且伴生新的风险因子，所以应提倡精准适度加工。精准适度加工是在探明加工过程营养成分和危害物迁移变化规律的基础上，以最大程度保留营养素、去除危害物和避免危害物形成的更精细、更准确的加工方式，是实现"好油"生产的重要途径。

4. 调和油的优势

脂肪导致慢性病高发的原因首先是脂肪摄入量过多，我国居民平均膳食脂肪供能比超过了 30%。其次，脂肪酸摄入的不均衡、油脂有益伴随物的流失及危害物的含量较高，也是重要原因。所以应该提倡"少吃油，吃好油"。单一品种食用油无论在脂肪酸组成，还是在有益伴随物方面，都难以满足"好油"的要求。综合考虑各种食用油的脂肪酸种类和比例、有益伴随物种类和含量，通过调和，就可以使脂肪酸更加均衡、有益伴随物更加丰富多样，达到改善健康的目的。显然，在营养成分的合理搭配上，调和油比单一品种油更具优势。好的调和油还必须控制好风险因子，并具有良好的风味。

调和油并非我国特有的食用油品种，据统计，全球共计有近千种调和油产品。调和油配方中排名前 4 的油种分别是葵花籽油、菜籽油、大豆油和橄榄油，30% ~ 40% 的调和油中都添加了这 4 种植物油。橄榄油虽然年产量远不如葵花籽油、大豆油和菜籽油，但其在国外使用普遍，在国内橄榄调和油近年来也呈增长趋势。其次为芝麻油、花生油、玉米油和稻米油，10% ~ 20% 的调和油中添加了这些植物油，其中添加花生油、芝麻油的调和油主要分布在我国重风味消费地区，稻米油主要在印度和中国大陆的调和油中添加。山茶油则在中国大陆调和油中添加。这些油种的选择都具有明显的地域特征。其他还包括亚麻籽油、葡萄籽油、红花籽油、椰子油等小油种，以及富含长链多不饱和脂肪酸的鱼油和藻油。

国外市场上调和油的特点是油脂种类较少，通常是 3 种左右油脂的调和，一般标明油的比例，主打脂肪酸均衡概念。国内也已推出了基于脂肪酸均衡的调和油产品，其公布的脂肪酸比例，综合考虑了居民膳食脂肪的摄入，有助于消费者整体膳食脂肪达到推荐值。调和油市场的快速发展也促进了食用调和油种类的繁荣，出现了大量以植物油命名的调和油产品，如橄榄调和油、油菜籽调和油、谷物调和油、花生调和油、葵花籽调和油、坚果调和油、DHA 调和油等。不少厂家以价格昂贵但实际占比不高的油脂对调和油进行命名，以提高产品档次和价格，这种现象造成了消费者对调和油的质疑和不信任，导致调和油销售量的下滑。2017 年底，食用调和油产品公布了调和油的主要脂肪酸的含量，而且首次标示出了几种主要的有益伴随物，如维生素 E、谷维素、角鲨烯和植物甾醇的含量。2017 年，国家粮食和物资储备局推出了"中国好粮油"

行动计划，并制定了"好油"的行业标准，在倡导脂肪酸均衡的同时，也把有益伴随物纳入为食用油营养的重要方面。相比于国外调和油产品更重视脂肪酸均衡的做法，我国调和油产品应该同样注重宏量营养素和微量营养素的有机统一，很好地体现"平衡膳食、全面营养"这一健康理念，使我国的调和油产品能够开拓出新的格局。

5. 如何自制调和油

单一品种的食用油，难以满足人体脂肪酸的均衡，但选择交替使用，又存在难以储存的问题。因此，不如自己试试制作调和油。调和油，顾名思义就是把几种油按一定比例混合而成的食用油，因为综合了多种油的营养成分，故而理论上来说营养更均衡，更有益于人体健康。调和油中脂肪酸的种类应包含 3 类：ω-3 多不饱和脂肪酸、ω-6 多不饱和脂肪酸和单不饱和脂肪酸。人们购买食用油的时候可以分别选择含有这 3 类脂肪酸的食用油，然后自己进行调和。首先是大宗油，如纯花生油、纯大豆油等，这些油里的主要成分是亚油酸等多不饱和脂肪酸。其次就是橄榄油、山茶油等，这类油的特点是单不饱和脂肪酸含量高，对心脑血管有好处。最后就是亚麻籽油、紫苏油等，这类油的特点是富含 ω-3 多不饱和脂肪酸。含有这 3 类脂肪酸的食用油搭配是非常完美的组合，如大豆油、亚麻籽油、橄榄油的比例为 1：1：1 就是一个很不错的选择。我们可以把调好的调和油，倒入深色瓶子内，每次一小瓶，剩下的油密封好后放置阴凉的地方保存。

第十章

油脂及脂肪酸的代谢与合成

　　油脂及脂肪酸的代谢是体内重要且复杂的生化反应，其是在各种相关酶的帮助下，消化吸收、分解释放能量，加工成机体所需要的物质，保证正常的生理功能，对于生命活动具有重要意义。在身体需要时，脂类还可以从碳水化合物等进行合成，储备能量，是身体储能的重要物质，也是生物膜的重要结构成分。脂肪酸代谢异常引发的疾病为现代社会常见病。脂肪酸代谢分为脂肪酸的分解代谢和脂肪酸的合成代谢，对维持身体健康都十分重要。

（一）脂类的消化吸收

　　甘油三酯完全氧化产生的能量约为 37.68 kJ，是高度密集的能量贮库。利用甘油三酯为能源的第一步是被脂肪酶水解。脂类的水解主要是在小肠中通过脂肪酶进行的，水解得到的脂肪酸在体内主要用作燃料分子。油脂被胆汁中的胆盐乳化，使脂肪酶更容易与油脂接触。在胰液和胆汁作用下，胰脂肪酶和胆盐配合，甘油三酯被水解，3 个酯键依次被脂解，生成甘油和游离脂肪酸。脂解需要 3 种脂肪酶，即甘油三酯脂肪酶（限速酶）、甘油二酯脂肪酶和甘油单酯脂肪酶。脂肪酶的活性为激素所调节，环腺苷酸为活化脂肪细胞进行脂解的第二信使。肾上腺素、去甲肾上腺素、胰高血糖素和促肾上腺皮质激素都能促进脂肪细胞中的腺苷酸环化酶的作用，从而生成环腺苷酸，为正调节作用。环腺苷酸可激活一种蛋白激酶，此激酶将脂肪酶磷酸化并使之活化。活化的脂肪酶将甘油三酯水解成甘油和脂肪酸。胰岛素和前列腺素 E_1 会加速环腺苷酸分解，对脂肪水解有负调节作用。

当脂类到达十二指肠和空肠等吸收场所，脂类与胆盐形成的微粒被破坏，胆盐留在肠中，脂肪酸和甘油则透过细胞膜而被吸收，并在黏膜上皮细胞内重新合成甘油三酯，然后甘油三酯、磷脂和胆固醇与一定的蛋白结合形成乳糜微粒和极低密度脂蛋白，经肠绒毛的中央乳糜管汇合入淋巴管，并通过淋巴系统进入血循环，分布于脂肪组织中。少量水溶性短链脂肪酸可直接由门静脉进入肝脏，小肠既能吸收约 40% 完全水解的脂肪，也能吸收 50%～57% 部分水解或 3%～12% 未经水解的脂肪微粒。脂肪的消化吸收率受很多因素影响。如脂肪酸在甘油三酯分子上分布的位置、脂肪的熔点等。熔点较低及双键较多的脂肪较容易被消化吸收，一般认为熔点在 50℃以上的脂肪的消化吸收率较低，如氢化棉籽油。植物油熔点较低，故容易被消化。

（二）脂肪酸的分解代谢

脂肪酸的分解代谢又称脂肪酸 β - 氧化，主要是脂肪酸的碳氢链被氧化，最终以生成三磷酸腺苷的形式产生能量。长链脂肪酸的 β - 氧化是动物、一些细菌和许多原生生物获取能量的主要途径。脂肪酸代谢的过程是脂肪酸先与辅酶 A 相连，形成脂酰辅酶 A 衍生物，随后经代谢反应，自脂肪酸的羧基端脱掉 2 个碳原子，即脱去乙酰辅酶 A。乙酰辅酶 A 经柠檬酸循环和氧化磷酸化产生能量。脂肪酸的彻底氧化是上述步骤的多次反复。在植物中乙酰辅酶 A 首先是生物合成前体，其次才用作燃料。在脊椎动物中，乙酰辅酶 A 在肝脏中会转化为可溶于水的酮体。当葡萄糖不能供应时，它可以向其他组织提供能量。

（1）偶数碳原子的单不饱和脂肪酸 β - 氧化需异构酶。如棕榈油酸是在 C_9 和 C_{10} 间有一个双键的 16 个碳的不饱和脂肪酸。活化进入线粒体基质，按正常 β - 氧化进行 3 轮降解后，生成顺式 - Δ^3 烯脂酰辅酶 A，这时必须有异构酶参与将顺式 - Δ^3 构型转化为反式 - Δ^2 构型，才可继续沿 β - 氧化途径进行。

（2）偶数碳原子的多不饱和脂肪酸 β - 氧化需异构酶、脱氢酶、还原酶。除需烯脂酰辅酶 A 异构酶将顺式双键变为反式双键外，还要有脂酰辅酶 A 脱氢酶，如将有顺式 - Δ^4 双键的脂肪酸脱氢增加一个反式 - Δ^2 双键，成为顺式 - Δ^4，反式 - Δ^2 脂肪酸。然后 2,4- 烯脂酰辅酶 A 还原酶再将顺式 - Δ^4，反式 - Δ^2 还原成反式 - Δ^3，再在烯脂酰辅酶 A 异构酶的作用下成为反式 - Δ^2 脂肪酸，最后使 β - 氧化继续到底。

（三）甘油的代谢

脂肪细胞没有甘油激酶，所以产生的甘油自己无法利用，需要运输到肝脏，由甘油激酶磷酸化为 3- 磷酸甘油，再由磷酸甘油脱氢酶催化为磷酸二羟丙酮，进入糖酵解或糖异生。此过程中的磷酸甘油脱氢酶定位于线粒体内膜外表面，直接在线粒体中产生还原型黄素腺嘌呤二核苷酸。细胞质中的酶用于磷酸二羟丙酮的还原，消耗还原型烟酰胺腺嘌呤二核苷酸。二者共同构成甘油磷酸穿梭系统。

（四）植物油的生物合成

植物种子中储存的脂肪酸常以甘油三酯的形式存在。油脂是植物种子储存能量的主要形式，是种子萌发和幼苗前期生长必不可少的能量来源。培育含油量更高、不饱和脂肪酸比例更健康合理的油料作物新品种是作物育种的任务之一。

植物油的生物合成过程复杂，涉及多种酶的催化作用。首先在种子的发育过程中，蔗糖作为合成脂肪酸的主要碳源，从光合作用的器官（如叶片）转运到种子细胞中。通过植物糖酵解产生大量的甘油三酯合成前体，如磷酸二羟丙酮、丙酮酸。丙酮酸经过氧化脱羧形成乙酰辅酶A，脂肪酸合成的前体物质乙酰辅酶A首先被运送到质体中，经过脂肪酸合成酶缩合、还原、脱水、再还原进行碳链延伸，然后在硫酯酶的作用下，合成脂酰基从酰基载体蛋白上释放出来；它运送到质体中进行脂肪酸的从头合成，合成的脂肪酸再运送到内质网与3-磷酸甘油组装形成甘油三酯，合成的甘油三酯最后运输到油体中进行储存。这个复杂的过程受各种功能酶和转录因子的调控，包括影响碳源分配、参与脂肪酸合成和甘油三酯组装的关键酶及相关转录因子等。关键酶及转录因子的编码基因很多，若编码这些酶类物质的基因的表达或调控发生变化就有可能会使油脂合成受到影响。这一方面使得植物油含量与成分遗传机制研究的难度增加，同时也为提高植物油含量与改良脂肪酸成分提供契机。目前，越来越多的油脂代谢相关基因被鉴定和验证。利用基因工程技术手段，通过表达或干涉脂肪酸与油脂合成关键酶的编码基因或转录因子，可以激发或抑制相应酶的活性，从而改良植物油品质。

1. 脂肪酸的生物合成

植物油的生物合成首先是脂肪酸的合成。脂肪酸的合成并不是脂肪酸降解途径的逆转，而是由一套新的反应组成。脂肪酸的合成主要在质体中进行，首先由乙酰辅酶A羧化酶催化乙酰辅酶A形成脂肪酸链的二碳单位的直接供体——丙二酸单酰辅酶A，再由脂肪酸合成酶系统，经过缩合、还原、脱水、再还原的过程进行碳链的延伸。脂肪酸合成酶系统是一个多酶复合体，包括酰基载体蛋白和6种酶，所有的催化反应均在酰基载体蛋白上进行。脂肪酸合成酶系统催化连续循环的聚合反应，每次循环增加 2 个碳的酰基碳链，直至合成含有酰基载体蛋白的饱和脂肪酸如软脂酸和硬脂酸，然后在脱氢酶的作用下形成不饱和脂肪酸，其中包括棕榈油酸和油酸等单不饱和脂肪酸、亚油酸和亚麻酸等长链多不饱和脂肪酸。最后在酰基载体蛋白硫酯酶（FAT）的催化下，将脂肪酸从酰基载体蛋白上释放出来。依据作用的底物不同，可将酰基载体蛋白硫酯酶分为 FATA 和 FATB，它们具有碳链长度特异性，并且其活性影响着脂肪酸的组成。

合成脂肪酸的原料乙酰辅酶 A 可来自糖的氧化分解，也可来自氨基酸的分解，乙酰辅酶 A 是脂肪酸分子所有碳原子的唯一来源。用乙酰辅酶 A 合成脂肪酸时要消耗身体中的三磷酸腺苷和还原型烟酰胺腺嘌呤二核苷酸磷酸（NADPH），经一步步 2 个碳 2 个碳的延长，首先合成 16 个碳的软脂酸，再经过加工生成各种饱和脂肪酸和单不饱和脂肪酸。16 个碳以上的脂肪酸的碳链延长和双键的插入是由生物体中另外的酶体系完成的，在脱氢酶和碳链延长酶作用下转化为单不饱和脂肪酸或多不饱和脂肪酸。但是，包含人类在内的许多哺乳动物体内没有或仅有很少的能在 C_9 后使碳碳键上产生双键的脱氢酶，所以哺乳动物不能或仅能少许从头合成这类多不饱和脂肪酸。因此多不饱和脂肪酸需从食物获取，被称为外源性脂肪酸，或称为必需脂肪酸。

乙酰辅酶 A 要合成脂肪酸必须先穿透线粒体内膜到细胞溶胶中。为此乙酰辅酶 A 要借助柠檬酸 - 丙酮酸循环，即乙酰辅酶 A 先与草酰乙酸合成柠檬酸，跨过线粒体内膜，进入细胞溶胶后又裂解形成乙酰辅酶 A 和草酰乙酸。细胞溶胶中的乙酰辅酶 A 即可用于脂肪酸生物合成，草酰乙酸可转化成苹果酸或丙酮酸，两者都可再被运送回线粒体进行降解。将甘油三酯的合成前体脂酰辅酶 A 和 3- 磷酸甘油运输到内质网中进行组装。通过磷脂酰胆碱将合成的脂肪酸从质体运输到内质网，其作用机制可能是在质体膜上，由溶血磷脂酰胆碱酰基转移酶催化将新合成的脂肪酸合成到磷脂酰胆碱上，然后通过磷脂酰胆碱实现从质体到内质网的运输。

2. 甘油三酯的合成

甘油三酯是由脂肪酸与甘油合成的。研究甘油三酯的合成途径可提高油脂在植物中的含量。目前，提高植物油的含量可以有两条途径：一是对脂肪酸合成途径进行调控，即通过调节其合成过程中重要酶的活性来控制脂肪酸的积累；二是通过调控甘油三酯的组装过程来调控油脂的积累。

从酰基载体蛋白上释放的游离脂肪酸在长链脂酰辅酶 A 合成酶的作用下形成脂酰辅酶 A，脂酰辅酶 A 是甘油三酯合成的前体。将脂酰辅酶 A 和 3- 磷酸甘油运输到内质网中进行组装。甘油三酯的合成途径称为 Kennedy 途径，在 Kennedy 合成途径中，酰基辅酶 A 的脂肪酸分别被甘油 -3- 磷酸酰基转移酶（GPAT）、二酰甘油酰基转移酶和溶血磷脂酸酰基转移酶转移到甘油上，中间经过溶血磷脂酸、磷脂酸、二酰甘油等中间形态，最终形成甘油三酯。在 Kennedy 途径中，各酰基转移酶依次将脂肪酸组装到甘油上，从而形成甘油三酯，若增加各酰基转移酶的含量将有可能增强该途径的代谢作用，有利于提高油脂的含量。

3. 质体转化提高油分含量

目前，大部分转基因植株是基于核转化而来的。质体转化与核转化相比，目的基因表达水平更高，可同时表达多个基因，无表观遗传和基因沉默的影响。

（五）油成分品质改良

植物饱和脂肪酸可在脱氢酶作用下形成不饱和脂肪酸，可通过调节脱氢酶活性，改变不饱和脂肪酸比例，改良油成分品质。植物脱氢酶存在于质体中，以硬脂酰 - 酰基载体蛋白为底物，在碳氢链中部引入第一个双键，可以从双键向脂肪酸甲基端通过脱氢酶继续去饱和。在内质网上，单不饱和脂肪酸以磷脂或甘油糖脂的形式继续去饱和，如磷脂酰胆碱上的油酸，在内质网上去饱和成为亚油酸或亚麻酸。硬脂酰 - 酰基载体蛋白脱氢酶催化饱和脂肪酸形成单不饱和脂肪酸，进一步去饱和形成多不饱和脂肪酸，则需脂肪酸脱氢酶。因此，调节这两种酶的表达活性可影响脂肪酸组成，改善油脂品质。

植物种子是植物油的主要来源，改良植物种子的脂肪酸组成和提高含油量是油料作物研究的重要课题。目前，可以通过分子标记辅助育种及转基因手段来提高植物油分含量和改变油分的组成，达到作物改造的目的。研究表明，增强甘油三酯合成途径中酰基转移酶的表达比增强脂肪酸的合成能更有效地提高种子含油量。目前油脂生物合成相关基因在植物抗逆方面的研究也很多，如脂肪酸合成酶复合体的关键基因 *KAR*、*ENR* 在碳链延伸循环中起着重要的作用，通过测定抗寒指标，研究发现，其转基因株系维持细胞渗透调节能力有所增强，抗寒性有所提高。研究最多的脱氢酶 *SAD* 基因，在银杏和棉花中低温胁迫诱导，结果表明该基因在不同程度低温处理下均有上调表达。油脂生物合成涉及大量的基因，筛选出对种子油分改良作用贡献大并更能适应逆境胁迫的相关基因是研究的重点。近年来，随着人们生活水平的不断提高，对植物油的品质需求也越来越高。在科研工作者的不断努力下，脂肪酸合成、甘油三酯组装过程与油脂代谢调控网络已越来越清晰，通过现代基因工程技术来改良植物油分含量和品质、提高植物抗逆性将会是一条有效途径。

参考文献

1. 侯天蓝，王顺利，米生权，等．牡丹籽油营养成分和功能作用研究进展 [J]. 中国油脂，2021，46(08)：51-55+71.

2. 李杜娟．反复煎炸的食用油酸败指标检测与食用安全 [J]. 河南科技，2021(05)：127-129.

3. 高蔚巍，连威，管淑霞．食用油在不同储存时间下酸败程度变化的研究 [J]. 食品安全导刊，2021(19)：65-66.

4. 张乐．食用油脂储存期的变化及影响因素 [J]. 广东蚕业，2021，55(06)：23-24.

5. 余晓琴，陈小泉．食用油标准使用解读和检测注意事项 [J]. 中国市场监管报，2021-01-07.

6. 刘程宏，杨海棠．我国高油酸花生研究进展 [J]. 食品安全质量检测学报，2021，12(16)：6573-6578.

7. 于少芳，卢红伶，陈琳，等．不同品种家蚕蚕蛹脂肪酸组分分析

[J]. 浙江农业科学，2021，62(06)：1197-1199+1243.

8. 刘敏捷. 煎炸食物用油有讲究 [J]. 老同志之友，2021(10)：48-49.

9. 刘鼎，何辉. 荆门菜籽油"叫板"橄榄油 [J]. 支点，2021(05)：48-51.

10. 刘玉兰，李锦，王格平，等. 花椒籽油与花椒油风味及综合品质对比分析 [J]. 食品科学，2021，42(14)：195-201.

11. 李武. 食用油质量检测探讨 [J]. 食品安全导刊，2021(18)：75+78.

12. 孟祥茹，胡乐乾，琚荧，等. 食用油中多环芳烃检测的前处理方法研究进展 [J]. 食品科学，2022，43(11)：373-382.

13. 汪春明，张洋，王东斌，等. 固相萃取 - 气相色谱 - 串联质谱法测定大豆油中 126 种农药残留 [J]. 农药学学报，2021，23(02)：405-413.

14. 张倩颖，祁杰，毕起源，等. 地沟油检测技术研究进展 [J]. 天津农学院学报，2021，28(03)：86-89.

15. 王忠兴，雷咸禄，郭玲玲，等. 食用油安全危害因子快速定量检测技术现状及前景 [J]. 中国油脂，2021，46(08)：105-109.

16. 高洪乐，王芊. 食用油品质的检测技术进展 [J]. 粮食科技与经济，2020，45(04)：99-100.

17. 段耀钢. 花椒籽油的开发利用研究 [J]. 西部皮革，2020，42(16)：84.

18. 余晓琴，何绍志，钟慈平，等. 普通食用油检验关键点分析 [J]. 中国油脂，2020，45(10)：127-131.

19. 李文，王伟，关荣发，等. 橄榄油中角鲨烯组分功能特性及其研究进展 [J]. 食品研究与开发，2020，41(06)：218-224.

20. 姚专，周政. 对油脂适度加工产业相关技术问题的研究及探讨 [J]. 粮食与食品工业，2020，27(05)：1-3.

21. 周毅. 食用油品质检测方法综述 [J]. 食品安全导刊，2020(15)：

117.

22. 周路，徐宝成，尤思聪，等．植物甾醇生理功能及安全性评估研究新进展 [J]．中国粮油学报，2020，35(06)：196-202．

23. 李单单．超高效液相色谱法测定秋葵籽油中苯并芘的含量 [J]．食品安全导刊，2020(34)：64-67．

24. 姚晶，樊婷，苏春燕，等．食用植物油组分分析快速检测技术研究进展 [J]．粮油食品科技，2020，28(02)：97-102．

25. 刘丽娜，缪锦来，郑洲．共轭亚油酸的生理功能综述 [J]．食品安全质量检测学报，2020，11(08)：2552-2557．

26. 张磊，芮家鑫，周晗雨，等．不同萃取方式对小麦胚芽油品质的影响 [J]．江苏大学学报（自然科学版），2018，39(06)：678-682．

27. 韩本勇．木瓜籽油的组成、性质及功能特性研究进展 [J]．粮食与油脂，2020，33(01)：1-3．

28. 祁潇哲，张艳，王正友．主要食用植物油相关国际国内标准对比研究 [J]．中国标准化，2020(12)：203-208．

29. 欧秀琼，钟正泽，解华东，等．鸭油提取工艺研究 [J]．中国油脂，2020，45(09)：8-11．

30. 左青，左晖．油脂精炼工艺和设备的改进实践 [J]．中国油脂，2020，45(10)：22-27．

31. 张乐．食用油的质量安全与检测方法研究 [J]．食品安全导刊，2020(35)：42-43．

32. 王青，刘超，王新坤，等．不同提取工艺对小麦胚芽油品质的影响 [J]．食品工业，2019，40(12)：85-88．

33. 李成玮，李雯靖，靳晨曦，等．废弃食用油脂制备生物柴油综述 [J]．上海节能，2019(2)：985-991．

34. 王瑞元．2018 年我国油料油脂生产供应情况浅析 [J]．中国油脂，2019，44(06)：1-5．

35. 钟宏星，张晶，陆剑华，等．3 种油脂酸价测定方法的比较 [J]．

食品安全质量检测学报，2019，10(10)：3197-3201.

36. 薛淼，何新益，李旭，等．鸡油加工过程中产品品质的变化 [J].食品与机械，2019，35(02)：163-166.

37. 江婧，付力立，黄逸馨，等．非酯化脂肪酸与代谢性炎症相关性的研究进展 [J].中国免疫学杂志，2019，35(11)：1390-1393.

38. 董志刚.反式脂肪酸对人体的危害及其检测方法综述 [J].食品界，2019(08)：122-123.

39. 张文龙，姚永佳，吴东兴.油脂碱炼过程中二次碱炼工艺改造 [J].现代食品，2019(22)：76-78+85.

40. 李杨，江连洲，杨柳.水酶法制取植物油的国内外发展动态 [J].大豆科技，2019(S1)：142-146.

41. 高亚楠，王俊斌，王海凤，等．食用油中香气成分的测定分析 [J].食品研究与开发，2018，39(11)：106-109.

42. 王俊，王淑娜，许新德，等．Omega-3 脂肪酸磷脂制备方法综述 [J].中国油脂，2018，43(08)：47-51.

43. 项云，刘波静，屠平光，等．金华猪胴体脂肪酸组成研究 [J].浙江畜牧兽医，2018，43(03)：1-4.

44. 陈丹丹，施炎炎，丁红梅；等．食品中酸值国标检测方法的研究 [J].粮食与食品工业，2018，25(01)：76-78.

45. 张浏彦.浅谈地沟油检测方法的研究进展 [J].农家参谋，2018(22)：236.

46. 陈田，戴思慧，沈鹏原，等．裸仁南瓜籽油活性成分分析及抗氧化能力评价 [J].食品与机械，2018，34(10)：152-157.

47. 王钰翔.浅谈食用油质量安全与检测方法 [J].食品安全导刊，2018(09)：107.

48. 高亚楠，王俊斌，王海凤，等．食用油中香气成分的测定分析 [J].食品研究与开发，2018，39(11)：106-109.

49. 张振山，康媛解，刘玉兰.植物油脂脱色技术研究进展 [J].河南工业大学学报（自然科学版），2018，39(01)：121-126.

50. 王兴国，金青哲. 食用调和油开发依据、发展进程与标准现状 [J]. 中国油脂，2018，43(03)：1-5.

51. 赵彦朋，梁伟，王丹，等. 植物油脂合成调控与遗传改良研究进展 [J]. 中国农业科技导报，2018，20(01)：14-24.

52. 蔡曼，柳延涛，王娟，等. 植物种子油脂合成代谢及其关键酶的研究进展 [J]. 中国粮油学报，2018，33(01)：131-139.

53. 陶芬芳，邢蔓，岳宁燕，等. 植物三酰甘油合成相关基因研究进展 [J]. 作物研究，2017，31(03)：330-336.

54. 王青，孙金月，郭淑，等. 7种特种油脂的脂肪酸组成及抗氧化性能 [J]. 中国油脂，2017，42(06)：125-128+154.

55. 张元贵，韩伟. 食用油品质检测方法综述 [J]. 现代食品，2017(21)：28-30.

56. 杨晓津. 膳食脂肪酸对人体脂蛋白代谢影响研究进展 [J]. 中国城乡企业卫生，2017，32(05)：34-36+39.

57. 张嘉峻，单淑晴，许莎莎，等. 反式脂肪酸（TFA）与慢性代谢性疾病关系的研究进展 [J]. 卫生软科学，2017，31(02)：31-34.

58. 赵光辉，董平，姜伟，等. 油脂脱胶技术现状及发展方向 [J]. 粮食与油脂，2017，30(11)：14-16.

59. 吕培霖，李成义，王俊丽. 红花籽油的研究进展 [J]. 中国现代中药，2016，18(03)：387-389.

60. 赵会宇. 食用油质量检测的相关方法分析 [J]. 食品安全导刊，2016(30)：16.

61. 中华人民共和国国家卫生和计划生育委员会. 食品安全国家标准 食品中酸价的测定：GB 5009.229—2016[S]. 北京：中国标准出版社，2016.

62. 中华人民共和国国家卫生和计划生育委员会. 食品安全国家标准 食品中过氧化值的测定：GB 5009.227—2016[S]. 北京：中国标准出版

社，2016.

63.王薇，殷其亮，秦玉珍.地沟油检测技术综述 [J].电子测试，2016(16)：121-122.

64.安骏，李昌模，金青哲，等.含油溶性营养成分食用油的安全性研究 [J].粮食与食品工业，2016，23(06)：3-7+12.

65.刘勤，何丽君，毛泽宇，等.浅谈植物油酸败原因及其使用 [J].中小企业管理与科技（下旬刊），2015(05)：242.

66.周俊，张军，谢梦圆，等.应用主成分和判别分析的红外光谱法快速鉴别酸败植物油 [J].食品工业科技，2015，36(12)：53-56.

67.周盛敏，张余权，姜元荣.中链脂肪酸在食用油中的应用及稳定性研究 [J].粮食科技与经济，2015，40(04)：26-29.

68.李杰，赵声兰，陈朝银.食用油天然抗氧化剂的研究与开发 [J].食品工业科技，2015，36(02)：373-378.

69.周石洋，陈玲.食用油脂中酸价测定的研究 [J].粮食科技与经济，2014，39(4)：37-38.

70.陈锡文.转基因大豆食用油不含转基因成分 [J].种子科技，2013，31(04)：14.

71.杨帆，薛长勇.常用食用油的营养特点和作用研究进展 [J].中国食物与营养，2013，19(03)：63-66.

72.罗淑年，刘丹怡，孙立斌，等.用油脂的安全性 [J].农业机械，2013(29)：37-40.

73.魏永生，郑敏燕，耿薇，等.植物食用油中脂肪酸组成的分析 [J].食品科学，2012，33(16)：188-193.

74.杨黎，李耀.精制纯鸡油的营养价值及应用研究 [J].中国调味品，2012，37(04)：60-63.

75.徐幽琼，林捷，张伟，等.不同食用油和烹调方式的油烟成分分析 [J].中国卫生检验杂志，2012，22(10)：2271-2274+2279.

76.张蜀艳.劣质食用油鉴别体系及研究综述 [J].食品与发酵科技，

2012，48(04)：12-14+19.

77.叶秀娟.食品中酸价和过氧化值测定方法的改进[J].现代食品科技，2011，27(10)：1285-1287.

78.韩军花，杨月欣.反式脂肪酸的安全问题与管理现状[J].食品工业科技，2011，32(03)：76-79.

79.李桂华，王成涛，张玉杰，等.食用牛油理化特性及组成分析的研究[J].河南工业大学学报（自然科学版），2010，31(01)：30-32+36.

80.彭晓芳，郑晓辉，李建平，等.微藻DHA在食用油中的应用[J].食品工业科技，2010，31(11)：108-110+113.

81.李晓瑾，石明辉.哈密瓜籽油脂性成分分析[J].中国食物与营养，2009(01)：52-53.

82.程黔.中国几种小品种食用油市场综述[J].粮食科技与经济，2007(01)：27-28.

83.黄庆德，王江薇，黄沁洁，等.荠蓝籽冷榨制油和荠蓝籽油精炼工艺研究[J].中国油脂，2006(01)：17-20.

84.周瑞宝.芝麻油香气成分研究[J].中国油脂，2006(07)：7-11.

85.刘喜亮，刘智锋.油脂脱蜡工艺与产品质量[J].粮油加工与食品机械，2004(01)：37-42+45.

86.李晶，张宝珍，张春元.家庭贮存食用植物油卫生质量调查[J].中国公共卫生，1999(5)：31.

87.宗金泉，顾国军，杨汉明，等.谈大豆挤压膨化浸出[J].陕西粮油科技，1996(2)：26-27.